Preface

序言

在自由軟體正夯的世紀，我與博碩同仁有個約定，就是要將自由軟體中的 LibreOffice Impress 簡報製作的小技巧，透過在企業、政府機構與大學教授的經驗，撰寫這一本《簡報易開罐：37堂免費軟體簡報必修課》書籍，許多學生、朋友、同事紛紛問到自由軟體不用錢，這一本簡報書卻要付費，真的會有人買嗎？我的回答是本書的內容著重經驗傳承，其實很多人在使用自由軟體時會碰到一些整合性或是版本或是與其他工具軟體組合的問題，其問題不外乎是對自由軟體工具不熟或不知自由軟體中的 LibreOffice Impress 簡報工具的使用技巧，因此，本書絕對是您在使用自由軟體時可以大力參考的書籍，當然將它用於工作上製作簡報，更是不可或缺的好幫手。

在此特別感謝博碩同仁，因為他們給了我出書的機會，另外更感謝幕後編排的工作同仁，讓本書得以美美上市，最後，期待本書可以解決與強化您工作上對自由軟體的靈活應用與簡報製作的問題，並請您在翻閱本書後，可以在工作上輕而易舉地運用 LibreOffice Impress 簡報所提供的工具，這才是我最終的目的。

楊玉文（妹咕老師）

U0086845

Contents

目錄

|Part 03| 上台前的準備

01
| PART |

簡報雜症 Q&A

簡報概論

「簡報」是不論任何職場都會需要的一門功課，雖然這是一門簡單的功課，但還是有很多技巧值得我們學習。依據筆者經驗，需要以簡報解決問題的「關鍵因素」會比「簡報主題」更為重要，假使簡報者無法掌握簡報概要，簡報便會失焦，導致失敗的機率上升。因此，簡報概論大致以下圖為大家說明：

目的　關鍵　工具

Q1：簡報的目的是什麼？

在工作中，如遇到問題、新想法、工作進度需要向伙伴、客戶等眾人進行說明時，就必須使用「簡報」作為輔助說明的工具。因此，「簡報目的」除了傳遞訊息之外，也必須達成「任務」的目標，這樣才是簡報真正的目的。例如：你正為新商品進行簡報說明，一定期望在「簡報」會後，可以促使客戶做出購買行動與下單決定。簡單地說，就是觀眾在聆聽完你的「簡報」之後，可以帶著你預期的想法離開，這樣你才算是完成「簡報」基本的任務。

筆者常告訴伙伴，上台前多花點時間思考：「這次簡報需要達成的目標是什麼」、「準備要讓聽眾知道什麼」、「這次簡報需要多少時間」及「準備使用哪些工具製作簡報」，如此才能有效地完成「簡報」這份使命。工作中常見許多簡報者的問題不是因為口才不好，或是簡報內容資料不豐富，而是簡報者沒有詳細思考簡報應達成的目標及簡報的對象需求，只是一股腦兒地將手中資料整理後丟出來，以致於「簡報內容不符需求」而挫敗。

因此，製作簡報必有這樣的認知：依「簡報目標」決定「簡報內容」、依「時間」決定「簡報張數」、依「觀眾」決定「傳達訊息內容」、依「環境」決定「工具的使用」。由上述整理得知，要達成「簡報目的」，請務必確認下列四大元素：

簡報要點	要點說明
目標	不可將不確定性資訊、負面資訊置入簡報中，例如：尚在開發的產品、其他廠商的商品開發計畫，或是預算規劃案。
聽眾	請分清楚是企業內部、企業客戶或是一般民眾，因為「對象」決定簡報內容的深度。簡報者必須讓不同的聽眾在聽完你的簡報後，對簡報主題或內容有所回饋，例如：聽眾想多知道一點哪方面的訊息。
時間	簡報製作必須考量「時間」，這是非常重要的，因為聽眾的時間非常寶貴，而非簡報者的時間；且「時間」可以決定簡報內容的呈現程度，例如：準備一天的簡報和準備一個月的簡報，在內容上應該不同吧！
工具	最常見的有 Microsoft Office 中的 PowerPoint 軟體、LibreOffice 中的 Impress，或是 OpenOffice 中的 Impress、Mac 系統的 Keynote 等簡報製作工具。

Q2：如何找出簡報關鍵？

　　「關鍵」是一份簡報的重點，簡報者必須掌握此核心，方能讓聽眾明白這次的簡報重點與內容，例如：80 年代資訊安全的「關鍵」在於「電腦安全防範」、90 年代資訊安全的「關鍵」在於「網路安全防範」、100 年代資訊安全的「關鍵」在於「行動裝置安全防範」。

　　「關鍵」除了會隨不同的議題而有所變動外，其「時間」也是一個重要因素，例如：工業型的進度簡報時間大約是 10 分鐘，簡報者只要提到工作概念流程，即簡報者必須以「流程圖」呈現簡報內容、進行解說，也就是為什麼需要簡報說明、此次進度簡報有什麼新發現，以及如何解決面臨的問題等就夠了；商業型的產品簡報時間大約是 30 分鐘，簡報者應為商品建置完整架構，即簡報者必須以「區塊圖」呈現簡報內容、進

行解說，也就是商品的優點在哪、行銷方向、價格定位、何時上市及可能面臨問題等項目進行簡報說明，簡報者可以加入「魚骨圖」、「流程圖」、「組織圖」作為簡報中的佐證資訊、實際範例與故事性內容，讓聆聽的觀眾有更完整的簡報內容藍圖。

下圖為簡報的關鍵因素：

Q3：簡報成功的要訣是什麼？

簡報者期待有一個完美的簡報說明，聆聽簡報的觀眾也期待有一個與眾不同的簡報內容，因此，簡報者想要「成功」完成一場簡報，請一定要抓住以下幾個要訣。在此不打誑語，雖然每位簡報者的台上風格並不是筆者掌握的，簡報的觀眾也非筆者可以安排的，但是，簡報者若可依下圖的簡報要訣來執行與設計簡報，那麼相信離「成功」就真的不遠了。

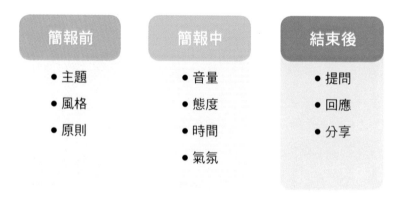

簡報前的準備

每一份簡報都是簡報者的心血，所謂「台上 10 分鐘、台下 10 年功」，因此簡報者必須確立此次簡報主題，有了主題就必須確定簡報風格，例如：對象是政府機關，可以有少許的活潑內容，但不可太過活潑，否則會得到反效果；對象是民間企業，可以多點活潑的內容，否則也會得到反效果。

接下來，依主題規劃簡報內容項目，再依規劃蒐集或製作簡報的資訊素材，素材包括多媒體、文字、圖片等相關主題的正確或最新資訊。

當完成上述資訊建置後，簡報者方可透過簡報工具進行製作，目前可選用的簡報軟體有Microsoft Office PowerPoint、OpenOffice Impress、LiberaOffice Impress、Media@Show、Mac Office Keynote與網路上的簡報製作工具，相當方便。

另外，請務必在上台前和主辦單位確認簡報環境，例如：會場有多大、可容納多少人，如果是大型的會議場所，設計簡報時請避免深色系列，因為會有距離的視覺問題。

下圖為主要的工作項目，提供給大家參考：

再談簡報製作原則，簡報者必須了解簡報設計有幾個不變的原則，以下一一條列說明：

1. 投影片標題

每一張投影片的標題應限定在8個字以內說明，不可有標點符號，請思考用簡潔有力的文字來傳達投影片的重點。使用的字型大小建議在44 pt以上，字體依企業要求，如無選擇方向，則建議使用系統內建的字體，例如：細明體、標楷體、微軟正黑體等字型設計。

建議的投影片標題

不建議的投影片標題

2.內容文字

　　投影片的內容敘述一定要精簡，且能表達投影片標題的概念。依筆者多年的經驗，其文字項目不可大於 7 個項目，每張投影片約 5 個項目最好；內容字數建議限定在 24 個字左右，內容可以用英文縮寫表示，能讓投影片顯得更專業；如有統計資訊，建議可以用圖表呈現，若是有關聯資訊，則建議改用流程圖、組織圖呈現；至於使用的字型大小建議在 24 pt 以上，字體依企業要求，如無選擇方向，則建議使用系統內建的字體，例如：細明體、標楷體、微軟正黑體等字型來設計。

建議的文字內容

不建議的文字內容

3.尊重資料來源

　　投影片的資料有些是由簡報者整理自身知識而來，有些則是整理他人的資訊而得；若是簡報內容有使用到他人整理的資訊，請一定要尊重他人的智慧財產權，註明資料來源，例如：企業名稱、網址。而使用的字型大小建議在 20 pt 以上，字體色彩應與內容不同，字體則依企業要求，如無選擇方向，建議使用系統內建的字體，例如：細明體、標楷體、微軟正黑體等字型設計。

建議的資料來源標註

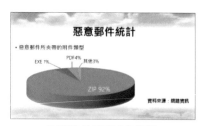

不建議的資料來源標註

簡報時的要訣

　　簡報者在簡報過程中，至少要有下列幾項準則：音量控制、時間控制、現場氣氛控制、簡報者的態度控制。筆者認為，簡報者若可以達到這些準則要求，則就算簡報內容並不是很熱門的議題，也不會出現失敗的問題。

筆者上台簡報至今無數場次，也有失敗的經驗。例如：某次到某科技公司教導如何使用 Sharepoint 做簡報，結果到了演講現場，才發現會場環境沒有架設好 Sharepoint 可以執行的網路環境，導致原先安排的示範無法進行，因此，時間控制就走樣了，問題的 QA 也無法讓與會人士感受到 Sharepoint 的問題所在；還有某次到某間大學教導如何製作好的簡報，當時真的好氣沒能讓與會學生感受到簡報的精彩，因為學校的廣播教學音效完全損毀，而我準備的音量說明一點也派不上用場，那一次也是失敗的簡報。而造成上述失敗的因素，不外乎音量控制不佳、時間控制不佳、現場氣氛不佳。至於簡報者的態度，筆者可謂戰戰兢兢，畢竟簡報者一定要對自己的簡報負責，如果上台報告還態度不佳，相信不會有任何廠商或企業願意繼續找你簡報。

時間控制　音量控制　態度控制

簡報完的回應

　　簡報者在簡報結束後，一定要留 5 分鐘左右的時間讓現場觀眾回憶一下，並至少要有下列幾項的回應內容：問題互動、問答解惑、經驗分享。筆者認為，若這些回應得體，對簡報者來說其實是一大優勢，即可以達到要求；因此，簡報結束後的態度，能決定課程結束後是否有機會再續合作。

簡報製作方向

　　關於簡報的製作方向，依據簡報所需的文件，可分成三個區塊討論。

　　首先是「簡報內容」，諸如企業最需要的產品宣傳簡報、活動簡報、年度營運簡報之類的企劃說明簡報，其內容會有比較多的文字敘述與繁瑣的文字介紹，筆者建議這類簡報的製作方向可以採用「圖」來進行說明，簡化投影的內容，例如：架構圖、魚骨圖、組織圖、關係圖等。

　　接下來的「觀眾講義」，就是給予觀眾簡報時可以使用的授課講義，筆者通常會依簡報內容的時數，準備不同內容的補充講義，而目前最常用的時數有3小時、6小時與12小時以上，補充講義則以文字檔搭配不同的時數版本製作。

　　而「簡報環境」則是非常務實的條件需求，因為不同簡報環境的製作考量是大不相同的。

```
簡報      觀眾      簡報
內容      講義      環境
```

Q4：如何安排簡報內容？

　　根據簡報內容的不同，其製作方向也是不同的，如「巨量資訊」的製作方向應考慮用圖表呈現、「多文字資訊」的製作方向應考慮用條列項目呈現、「影片資訊」的製作方向建議採用超連結檔案呈現，而「圖片資訊」的製作方向則建議先行使用影像編輯軟體進行處理，再置於簡報中以圖片壓縮呈現。而這些來自不同軟體的簡報資料，其製作方向都應該要有整合的功用。

　　下圖簡略說明不同的簡報內容製作方向。

Q5：如何製作簡報講義？

「講義」是指簡報者上台時，提供給使用者參考簡報者投影片內容的資訊。講義的製作方向，必須考慮使用者在聆聽簡報時，是否可以快速進行參考、依據簡報內容進行翻閱。簡報設計時如採用「個案介紹」，建議在基本資訊上就必須有足夠份量的參考資料；若簡報設計採用「思想傳遞」、「步驟說明」、「組織式架構」這三種類型，則製作簡報的講義工具就必須搭配簡報製作工具，例如：使用 PowerPoint 簡報軟體製作簡報，其搭配使用的講義工具就是 Word 文書軟體。下圖是目前各類型的簡報與講義組合工具軟體：

Q6：簡報場地和簡報內容的關聯性？

所謂的「簡報場地」，是指簡報者預設要對觀眾進行簡報的場所，這個「簡報內容」必須視「簡報場地」而有改變，例如：「簡報場地」是一間小教室，通常簡報者在簡報時因空間小會關燈，故空間呈現會比較暗，建議「簡報內容」所使用的色系應使用

「深色背景」搭配「淺色字型」，當然字型不用太大，投影片的字數可以多一點，如此觀眾才能更明確地了解簡報內容。

小會議室

若「簡報場地」是一間大會議室，簡報者在簡報時因空間大且亮度明亮，故空間呈現會是明亮的，建議「簡報內容」所使用的色系應使用「淺色背景」搭配「深色字型」，當然字型可以大一點，投影片的字數應精簡，不可以太多，如此觀眾就可以更明確地了解簡報內容。

大會議室

若「簡報場地」是電腦教室教學環境，一般簡報者透過廣播系統進行簡報，其簡報與空間較無直接關係，建議「簡報內容」所使用的色系應使用「淺色背景」搭配「深色字型」，當然字型不用太大，投影片的字數可以多一點，也可以加一點圖片，因為電腦教室通常是在明亮的燈光下運作，且電腦中的軟體會比較齊全，圖片、文字多方導入不會有太大的顯示，如此觀眾才能清楚的學習簡報內容。

電腦教室

　因此，簡報內容應依「簡報場地」的不同，其設計時也必須考量場所使用的投影設備，如投影機的顯示比例是哪一種規格，例如：4:3、16:9，又簡報內容的動畫效果應依「簡報場地」的不同，給予適當的效果，例如：觀眾人數眾多時，簡報的動畫效果應該要減少，觀眾人數太少時，簡報的動畫效果應該要增加，筆者建議簡報者應善用簡報環境來營造簡報效果，這可是獲得更多掌聲的機會。

簡報製作工具

　　當你準備自己上台進行簡報時，是否想過，過去聽別人的報告總感到昏昏欲睡，明明是自己想聽的主題，但簡報者卻抓不住我們的目光？相信你也不喜歡這種經驗。因此，要能夠快速且有效率的製作簡報，一定要有自己擅長的工具軟體，個人建議使用 Microsoft PowerPoint 與 LibreOffice Impress 作為簡報製作的工具軟體，若這二套工具都不喜歡，也可以依你的設備或環境，參考下列工具來製作你的簡報。

一般電腦簡報工具

1. Microsoft PowerPoint 2016
2. LibreOffice Impress 5.0
3. Keynote

行動裝置簡報工具

1. Knovio
2. Haiku Deck
3. Parila

雲端簡報工具

1. Prezi
2. Office365
3. Google 文件
4. Emaze

Q7：一般電腦的簡報工具有哪些？

Microsoft PowerPoint 2016

Microsoft PowerPoint 是 微軟公司的簡報製作軟體。使用者可以透過投影設備或在一般電腦上進行簡報，也可以將簡報文件印出來使用。另外，Microsoft PowerPoint 也可以讓使用者在網際網路上進行簡報。

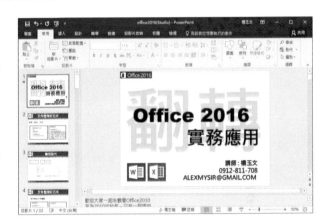

LibreOffice Impress 5.0

LibreOffice Impress 是一套類似於 Microsoft PowerPoint 的簡報製作軟體，由 The Document Foundation 開發，屬於自由及開放原始碼軟體。不過什麼是自由軟體呢？簡單的說，就是指公開軟體原始碼，讓所有的使用者都可以自由使用、研究、散佈與修改其執行程式及程式原始碼，而 LibreOffice 正是自由軟體下的產物。LibreOffice Impress 可於各種系統平台上使用，例如：Windows、OS X 及 Linux。

Keynote

Keynote 是由 Apple 公司在 2003 年推出的簡報製作軟體，目前只能安裝在 Apple 系列的電腦裝置上。Keynote 善用圖形化設計、具有 3D 立體播放效果，使用者也可以透過 iCloud 在雲端上與其他裝置共用，例如：Mac、iPhone、iPad、iPod。

 Q8：行動裝置的簡報工具有哪些？

Knovio

　　Knovio 是一套專門產生簡報影片的工具軟體，適合在行動裝置上進行簡報，例如：iOS 或 Android 系統的行動裝置。使用者只要先使用簡報工具完成簡報檔案，再將其置於行動裝置中，然後用 Knovio 開啓，即可輕易完成行動裝置上的動態簡報。

Polaris Office

　　Polaris Office 是一套行動裝置專用的辦公室軟體，使用者可以隨時隨地進行簡報的製作與檢視。它也可以開啓其他檔案格式的簡報，例如：PowerPoint、Impress 等。

 # Q9：雲端的簡報工具有哪些？

Prezi

　　Prezi 是由 Metatron 公司開發的線上簡報工具，它顛覆了傳統簡報的製作方式，讓簡報可以是一個地圖的思維，並適時地導入移動和縮放等效果動畫，一步步引領觀眾走入簡報者的主題中心，使用起來有種流暢的滿足感。

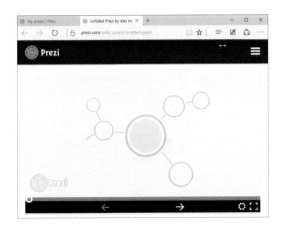

OneDrive PowerPoint Online

　　OneDrive 是 Microsoft OneDrive 的縮寫，其是微軟公司在雲端上推出的網路硬碟及雲端服務，使用者可以在瀏覽器中直接編輯和檢視 Microsoft Office 的所有文件，例如：PowerPoint。

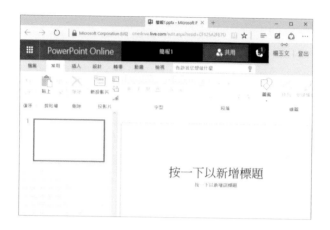

Google 簡報

Google 簡報是一種雲端專用的簡報編輯工具,能讓使用者隨時隨地建立、編輯及展示簡報,並且可與他人共同合作編輯。Google 簡報提供了各種五花八門的簡報主題和上百種字型,使用者也可以嵌入影片、動畫和其他內容,屬於完全免費的工具軟體。

emaze

emaze 是一套線上簡報工具軟體,它具有 Prezi 和 PowerPoint 兩款軟體的特性,但是比 PowerPoint 更動態、比 Prezi 更容易編輯,因為 emaze 提供許多簡報模版,使用者可以直接用它們來製作簡報。

簡報工具共通的問題

當你已有完成的簡報資料，不論是使用 Microsoft PowerPoint 與 LibreOffice Impress 製作的簡報，當你將簡報資料寄出給相關單位後，是否碰過相關單位來電說明資料不能用的問題。因此，要能夠快速且有效率的簡報資料輸出且沒有問題，一定要了解簡報場地與簡報設備，如此當簡報寄送執行相關單位時，簡報資料才不會有不能呈現完整內容的問題。

Q10：字型輸出顯示問題？

PowerPoint 2016

簡報完成後，儲存檔案輸出「字型」問題是最容易碰到的問題，例如：簡報內容使用的字型是「微軟正黑體」，但是簡報檔案儲存並沒有將使用的字型一併儲存至簡報檔案中，則簡報檔案於寄出時將無法正常顯示「簡報字型」。即使用 PowerPoint 2016 完成的簡報檔案，如在另一台電腦列印或播放簡報，該電腦並無安裝簡報中所使用的字型，不論你使用列印或播放皆無法順利呈現使用的字型。此時，你可以依下列步驟執行簡報輸出的字型改善問題。

STEP 01 點按「檔案」索引標籤項目下的「選項」清單項目。

STEP 02 點按「儲存」左側選項項目，勾選「在檔案內嵌字型」項目，可以依需求設定內嵌字型的方式，例如：只內嵌簡報中所使用的字元（有利於降低檔案大小）。

STEP 03 點按「確定」按鈕。

說明 檔案儲存後，未來簡報中所使用的字型會一併儲存，使用者無須擔心簡報無法呈現原設計的字型。

LibreOffice Impress 5.0

使用 LibreOffice Impress 5.0 完成的簡報檔案若儲存成網頁檔案格式，有可能會造成網頁的「字型」和原設計「字型」是不相同的，故造成「字型」無法順利呈現，例如：簡報「字型」使用「微軟正黑體」，而網頁「字型」無法呈現「微軟正黑體」的字型，此時，您必須在 LibreOffice Impress 5.0 中進行嵌入「字型」，請依下列步驟執行簡報「字型」嵌入。

STEP 01　點按功能表「檔案」項目下的「屬性」清單項目。

STEP 02　點按「字型」標籤項目，勾選「內嵌字型於文件中」項目，

STEP 03　點按「確定」按鈕。

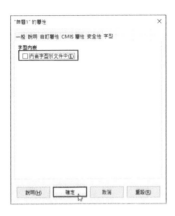

Q11：日期格式更改問題？

PowerPoint 2016

簡報者在面對不同的企業進行簡報時，最常碰到的問題是日期格式的更換，因為本國企業的簡報日期格式為105/07/23，對於西方企業的簡報日期格式則為2016/07/23，但日期時間格式的修改必須更改系統的「地區與語言」這個項目，而簡報者可能不是企業的內部人員，簡報者一定要切記千萬不可以任意更改他人企業電腦的任何資訊。

因此，簡報者面對不同的「日期格式」需求時，請依下列步驟執行簡報「日期格式」的更改。

STEP 01 請自行開啟 Q11.pptx 簡報檔案。

STEP 02 點按索引標籤「插入」→「文字」群組→「頁首及頁尾」項目。

STEP 03 勾選「日期及時間」→點按「固定」項目，設定日期顯示內容，例如：
105/7/23→點按「全部套用」按鈕。

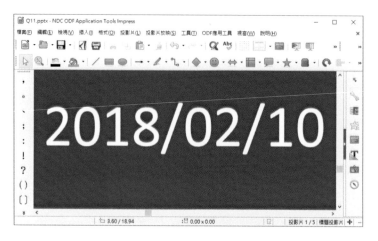

STEP 04 請自行儲存檔案，可參考 Finish 資料夾中的 Q11.pptx 簡報檔案。

LibreOffice Impress 5.0

同樣的問題，簡報者在面對不同的 LibreOffice Impress 5.0 進行簡報時，也是會碰到日期格式的更換問題，但是 LibreOffice Impress 5.0 更改「日期時間格式」無須更改系統的「地區語言」這個項目，所以簡報者可以任意更改簡報的「日期格式」，以符合企業的需求。

簡報設計者請依下列步驟執行簡報「日期格式」的改善問題。

STEP 01 　請自行開啟 Q11ODF.odp 簡報檔案。

STEP 02 　點按功能表「插入」→「頁首與頁尾」項目→設定「語言」項目為「中文（正體字）」→設定「格式」項目為「二〇一八年二月十日」。

STEP 03 　點按「套用到全部」按鈕。

STEP 04 　請自行儲存檔案，可參考 Finish 資料夾中的 Q11ODF.odp 簡報檔案。

Q12：簡報尺寸的問題？

PowerPoint 2016

　　談到「簡報尺寸」我們常常會搞不定螢幕比例的問題，而目前投影機也是會有輸出比例的問題，因此，「簡報尺寸」與投影機的規格顯示比例有著息息相關的設定問題，又常見的螢幕比例約有四種：4:3、5:4、16:9 和 16:10，若簡報者製作投影片尺寸使用 4:3，結果會場投影機輸出尺寸是 16:9；或者簡報設計使用的電腦螢幕的高解析度 1920×1080 製作簡報，然而簡報會場所使用的投影機解析度 1024×768，因此，簡報者的簡報內容投影輸出不對稱，即簡報內容不論是文字、圖片、表格幾乎體無完膚的走樣，下表為常見螢幕解析度與尺寸僅供參考。

電腦標準	解析度	電腦標準	解析度
CGA	320×200 (16:10)	QVGA	320×240 (4:3)
WQVGA	480×272 (16:9)	HVGA	480×320 (3:2)
VGA	640×480 (4:3)	SVGA	800×600 (4:3)
WVGA	800×480 (5:3)	XGA	1024×768 (4:3)
WXGA	1280×768 (15:9)	SXGA	1280×1024 (5:4)

電腦標準	解析度	電腦標準	解析度
WXSGA+	1366×768 (16:9)	UXGA	1600×1200 (4:3)
Full HD	1920×1080 (16:9)		

以下是 16:9 的投影片範例，可參考 Q12_16_9.pptx。

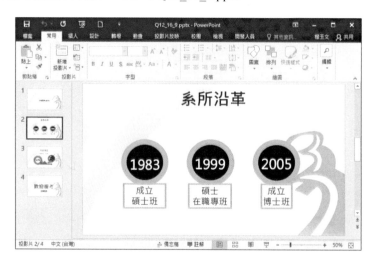

以下是 4:3 的投影片範例，可參考 Q12_4_3.pptx。

　　因此，簡報者應事先建立二份不同的投影輸出比例的「簡報尺寸」，當您面對不同解析度的「投影機設備」需求時，就不會有不專業的簡報呈現。請依下列步驟執行「簡報尺寸」的更改。

STEP 01　請自行開啟 Q12.pptx 簡報檔案。

STEP 02 點按索引標籤「設計」→「自訂」群組→「投影片大小」項目。

STEP 03 點按「標準 (4:3)」或是「螢幕 (16:9)」，即可完成「簡報尺寸」的更改。

STEP 04 請注意投影片中的文字、圖片、表格、物件有無位置走位太多，或是大小尺寸呈現有重疊，造成視覺不良，皆請自行調整，然後再另行儲存檔案，可參考 Finish 資料夾中的 Q12_16_9.pptx、Q12_4_3.pptx 簡報檔案。

LibreOffice Impress 5.0

同樣的問題依然會在 LibreOffice Impress 5.0 使用者出現，而 LibreOffice Impress 5.0 是如何修正這樣的問題呢？個人建議簡報者必須事先建立二份不同的投影輸出比例的「簡報尺寸」，請依下列步驟執行「簡報尺寸」的更改。

STEP 01 請自行開啟 Q12ODF.odp 簡報檔案。

STEP 02 點按功能表「投影片」→「頁面 / 投影片屬性」項目。

STEP 03 點按「4:3 螢幕」或是「16:9 螢幕」格式項目，即可完成「簡報尺寸」的更改。

STEP 04 請注意投影片中的文字、圖片、表格、物件有無位置走位太多，或是大小尺寸呈現有重疊，造成視覺不良，皆請自行調整，然後再另行儲存檔案，可參考 Finish 資料夾中的 Q12ODF_16_9.pptx、Q12ODF_4_3.pptx 簡報檔案。

02
| PART |

動手做簡報

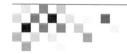 

簡報開場設計

在正式簡報前，一定要有「開場白」，而大部分的簡報者都會說「大家好」，然後就開始進行簡報。但是筆者認為，在任何時刻與人對話都需要「開場白」，更何況是在公開場合進行簡報；善用「開場白」吸引觀眾的注意力，讓聽眾願意繼續聽下去，這就是「開場白」的真正目的。以下跟大家分享幾個筆者常用的「開場白」方法：

1. 故事引導

簡報者應採用與觀眾切身相關的事件或故事，作為簡報的「開場白」導引。例如：「個資法」的演講，我會用生活個案作為開場白，這很容易就能讓觀眾投入後續的簡報中。

2. 主動提問

簡報者先採用「提問法」作為「開場白」，不用等觀眾提問，直接開門見山的解決觀眾心中的問題，這將考驗簡報者對簡報內容的熟悉度。例如：在「ODF 訓練」中，我會主動直接說明何謂「ODF」，因為這容易拉近與觀眾的距離。

3. 掀開底牌

一般的簡報都會有固定流程，而這個方法則是直接掀開底牌，告訴觀眾今天要講的簡報內容結果為何，以作為「開場白」。例如：「Line 的防範」的演講，我會請觀眾直接打開行動裝置查看 Line 的設定是否安全，並告知安裝防範的軟體。

由上述的方案得知，簡報「開場白」的導引是非常重要的。而「開場設計」是簡報的第一張投影片，相對可以代替不善於「開場白」之簡報者的言辭；它是非常重要的簡報實務，因為我們必須在第一時間留住聆聽者的目光，此時簡報的第一張投影片就顯得非常重要，但一般簡報者並不太重視「開場設計」。

對於「簡報開場」，筆者個人喜歡運用投影片轉場效果或物件動畫效果來完成「留住目光」的設計。任何的設計一定有其「轉場運用」，而不同的「轉場運用」必須使用不同的「期望效果」。本單元會先帶領大家以轉場效果「執行設計」，以達成「簡報開場」的實現。

 ## 實現方案─善用轉場

|練習範例|Sample \ SL1_1.odp　　　　　　　　　　　　　　　　|完成範例|Finish \ FL1_1.odp

這裡為大家介紹一款好用的免費自由軟體 LibreOffice Impress 5.0。只要利用其中的「投影片轉場」功能，就可以做出很棒的開場效果！

　請依下列步驟進行視覺化的「開場設計」投影片。

STEP 01　啟動 LibreOffice Impress，開啟簡報範例檔案：SL1_1.odp。

STEP 02　按一下第一張投影片的位置。

STEP 03　按一下「插入」功能表，選擇「投影片」項目，即可新增投影片並移至第一張投影片的位置。

STEP 04　於投影片的任何位置上按一下滑鼠右鍵，選擇「投影片」項目。

STEP 05　取消勾選「顯示投影片母片中的物件」項目。

STEP 06　按一下「格式」功能表，選擇「頁面」項目，然後點擊「背景」標籤，設定色彩為紅色。

STEP 07　繪製上下二個矩形圖案，色彩為黃色。

STEP 08 請加入「歡迎蒞臨」的文字，字型樣式與大小可自行設定，本例為微軟正黑體、150pt。

STEP 09 選取第二張投影片，按一下「投影片放映」功能表，選擇「投影片轉場」項目。

STEP 10 設定轉場效果為「由中央向左右擴展」，即可完成最簡單的開場設計。

簡報素材

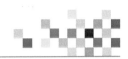

「素材」是建構簡報內容的重要元件，許多簡報者會到網路上複製「免費圖庫」作為投影片中的素材，而若想取得快速便捷的素材，建議可以使用圖庫搜尋引擎進行搜尋，例如以下兩者：

● CC0 免費圖庫搜尋引擎：**URL** http://cc0.wfublog.com/。

● FLATICON：**URL** http://www.flaticon.com/。

雖然有許多網站提供不錯的素材，但使用任何素材都一定要注意合法性，千萬不可恣意使用違法的素材。故以筆者的觀點，「簡報素材」應該自行設計，那麼你使用的簡報素材才會是獨一無二；建議簡報者平時工作之餘就可練習素材的製作，原創「簡報素材」必定讓人對你的簡報印象加深，有助於簡報的成功機率。「素材」可分為圖案、照片、影片等不同類型，如右圖所示；當然，其使用類型要視簡報議題而定。

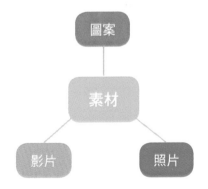

「素材」也可以分爲「靜態」和「動態」二種類型。「動態」指的是從日常生活中搜集到且經整理加工的影片資料素材，這些資訊涵蓋影像、聲音；而「靜態」指的是從日常生活中搜集到且未經整理加工的資訊，或是經由數位處理後的可用靜態資料，這些資料涵蓋圖片、文字或是圖案，例如：右圖的花照片。

實現方案—結合

| 練習範例 | Sample \ SL1_2.odp　　　　　　　　　　　　　　| 完成範例 | Finish \ FL1_2.odp

Impress 對於圖案的運用與變化，也能讓簡報設計者輕鬆創作立體的圖形素材；而且 Impress 在將物件群組轉換成 3D 時，並不會變更個別物件的重疊順序。此外，我們也可以輕易地將「圖片」轉換成 3D 物件。不過需要注意的是，圖片若是點陣圖，Impress 會將其視爲矩形的群組；圖片若爲向量圖形，則 Impress 會將其視爲多邊形的群組。

請依下列步驟進行圖案素材製作。

STEP 01　啟動 Impress，開啟簡報範例檔案：SL1_2.odp。

STEP 02　選擇第四張投影片「購買手機重點」。

STEP 03　請繪製四個拱形圖案，圖案色彩爲藍色、高度爲 8.48 公分、寬度爲 8.48 公分、旋轉角度爲 135 度。

STEP 04　請自行串聯放置，可參考下圖。

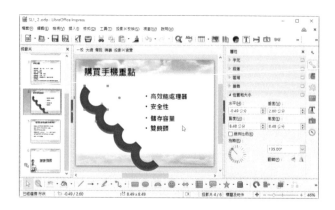

STEP 05　請選取全部的拱形圖案，按一下滑鼠右鍵，選擇「形狀」項目，再點擊「合併」項目。

STEP 06 接著要設定圖案效果。請選擇功能表「格式」→「轉換」→「轉換成 3D」項目。

STEP 07 請重新放置文字於圖案中的缺口位置,並將各行文字第一個字元的字型放大,即可完成簡報素材的製作與搭配使用。

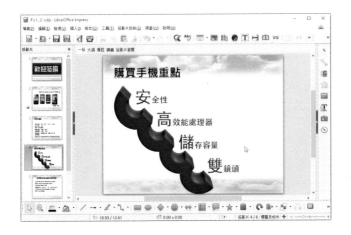

網頁圖片處理

　　所謂「圖解簡報」，就是將文字、數據以圖片來呈現，便於聆聽簡報的觀眾解讀；而無法使用「圖解簡報」手法的投影片內容，其實可以搭配「圖片」的使用，讓投影片內容更加豐富。「圖片」已成為投影片內容不可或缺的元件，然而許多簡報者在使用免費圖片時，只知下載好看合用的圖片，卻不知「圖片」置入投影片中仍需講求適當的佈局。另外也請注意，「圖片」有著作權的問題，若你沒有免費圖片或想於網路搜尋合適的圖片，建議可以使用圖片搜尋引擎網站進行搜尋，以便找尋可用、合法的圖片，例如以下兩者：

- ZEROSPACE：（URL）http://zerospace.asika.tw/。
- StockSnap.io：（URL）https://stocksnap.io/。

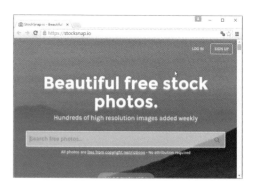

　　任何的圖片素材在下載後，請一定要配合投影片的內容做部分修正，例如：光線、效果，因為沒有任何一張網頁圖片素材會為了你的簡報而設計。依筆者的經驗，下載的圖片素材往往會因為圖片格式，而呈現大為不同的效果，例如：色彩、解析度等。以下簡略說明圖片素材的各項格式專有名詞。

1. 解析度

　　在單位長度內的像素數目，即每英吋由多少個像素組合而成。例如：一張 300 ppi 的影像，指的是圖像中每一英吋內由 300 個像素所構成。因此，解析度的值越高，就表示影像越細膩。

2. 點陣圖

圖片由像素所構成，此種圖片格式可真實的呈現出影像的原貌，但缺點是圖片放大後，像素亦會放大而造成色彩失真。

3. 向量圖

這是一種經由數學式計算影像內所有的點、線、面而構成的幾何圖形，因為是計算所產生的圖形，不論圖形放大或縮小皆不會造成色彩失真，但缺點是圖片無法像點陣圖那般細膩。

4. RGB 色彩

此為光的三原色，R（Red）代表紅色、G（Green）代表綠色、B（Blue）代表藍色，每個原色從最暗到最亮共有 256 種明暗度變化。三種顏色數值皆為 0 代表黑色，三種顏色數值皆為 255 代表白色。

5. CMYK 色彩

印刷廠、印表機輸出用的色彩模式，C（Cyan）代表青色、M（Magenta）代表洋紅色、Y（Yellow）代表黃色、K（Black）代表黑色，用這四種顏色可調和出各種色彩。

▨▨ 實現方案— Impress 結合 GIMP

| 練習範例 | Sample \ SL1_3.odp　　　　　　　　　　　　| 完成範例 | Finish \ FL1_3.odp

Impress 在圖像處理上沒有 PowerPoint 來得方便，例如：色彩、明度調整、美術效果等多種變化，因此，建議想使用 Impress 製作簡報的使用者，可以搭配同樣完全免費、具有強大圖片處理功能的影像處理軟體—Gimp，來提升簡報的影像視覺效果。例如：Gimp 的「濾鏡」部分就超越了 PowerPoint 的「圖案樣式」。接下來，讓我們先透過 Gimp 處理圖片，然後再將圖片導入 Impress 中，以快速美化簡報。

一、下載並安裝 GIMP

STEP 01 首先，請啟動網際網路瀏覽器，輸入教育部網址：**URL** http://ossacc.moe.edu.tw/。

STEP 02 按一下「自由軟體專區」按鈕，選擇「常用自由軟體」標籤文字。

STEP 03 按一下「美工」連結標籤，選擇「影像處理_GIMP」連結文字。

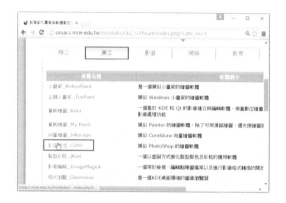

STEP 04 按一下「For Windows」連結文字,即可將檔案下載儲存至系統預設的資料夾中。本例儲存於「下載」資料夾。

STEP 05 請於「下載」資料夾中,按兩下「gimp-2.8.14-setup-1」安裝程式。

STEP 06 請設定安裝的語系,例如:English,然後先按下「OK」按鈕,再按下「Install」按鈕,讓系統自行安裝。

STEP 07 直到顯示完成訊息的畫面,再按下「Finish」按鈕,即可完成 GIMP 的程式安裝。

二、使用 GIMP 修圖

STEP 01 點擊桌面上的「開始」功能鈕,選擇「GIMP2」程式項目,就可進入 GIMP 影像處理軟體。

STEP 02 按一下「檔案」功能表,點選「開啟舊檔」項目,並選擇任何需要處理的照片,本例為「pen」圖片(此圖片的取得方式請參見本單元「Microsoft PowerPoint — 圖案整合」的內容)。

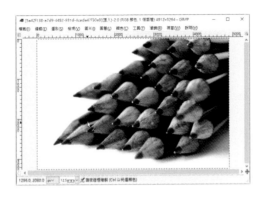

STEP 03 點選功能表「濾鏡」→「模糊化」→「高斯模糊」項目，設定模糊半徑的相關資訊，例如：水平、垂直值為 30，然後按下「確定」按鈕。

STEP 04 點選功能表「圖片」→「縮放圖片」項目，設定寬度為 6cm、高度為 6cm，然後按下「縮放」按鈕。

STEP 05 點選功能表「顏色」→「色相及飽和度」項目，設定「色相」值為 75、「亮度」值為 -16、「飽和度」值為 20，然後按下「確定」按鈕。

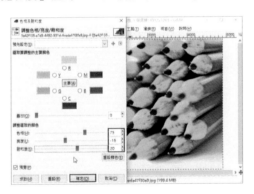

STEP 06 點選功能表「檔案」→「匯出」項目，設定匯出的檔案格式與檔案名稱，本例為「pen2.jpg」，再按下「確定」按鈕。

三、導入 LibreOffice Impress

請依下列步驟進行網頁圖片處理。

STEP 01 啟動 Impress，開啟簡報範例檔案：SL1_3.odp。

STEP 02　選擇第三張投影片「考試項目」，此內容適合以「pen2」圖片進行美化說明。

STEP 03　請繪製一個圓形圖案，並設定高度為 6 公分、寬度為 6 公分，然後按一下「格式」功能表，選擇「區域」項目。

STEP 04　按一下「點陣圖」標籤，點擊「匯入」按鈕。系統會出一個訊息視窗，請輸入 Gimp 美化後的點陣圖名稱，例如：「pen2」，然後按下「確定」鈕。

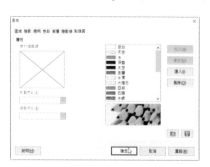

STEP 05　請繪製一個「禁止符號」圖案，並設定高度為 7 公分、寬度為 7 公分，然後點擊功能表「格式」→「區域」→「充填」項目，設定色彩為紅色，並將其與「Pen」圖案重疊，即可完成此投影片的圖片佈局，可參考下圖。

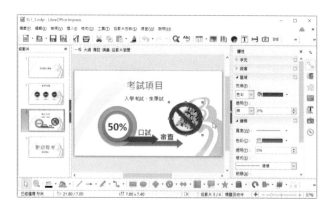

商品圖片說明

簡報最難做的就是介紹「商品」，因為要讓觀眾了解商品詳細資訊，又不能太過商品行銷，否則可能會有反效果出現。因此，筆者在製作「商品」簡報時，通常會有二個以上的版本，因為商品簡報的時間會受現場觀眾的影響，不易掌控，所以筆者除了準備原本預計的時間版本之外，會再刪減或增加二個時間版本，讓商品簡報有更多的容錯性與完整性。例如：預計 20 分鐘（正常）的商品簡報，建議增加至 30 分鐘（長時間）或 15 分鐘（短時間）各一份。

對於商品簡報，光靠簡報者口述是沒有用的，一定要搭配圖片說明才能更有張力與效果。而增加了商品圖片的投影片，其介紹商品的文字較不易呈現，故我們可以運用簡報軟體所提供的「動畫」，來完成簡報中的商品圖片說明。切記，說明文字不可多、文字大小不可讓會場中最遠的觀眾看不到。

實現方案—群組、動畫

|練習範例|Sample \ SL1_4.odp |完成範例|Finish \ FL1_4.odp

Impress 在圖案的群組、動畫設計上也具有相當不錯的表現，使用者可以依照播放的順序，進行圖案群組並導入動畫，以完成簡報設計。這裡我們將延續前面 PowerPoint 的「商品圖片」簡報呈現，在 Impress 中，透過「群組」功能搭配「動畫」技巧，快速完成簡報的製作。

請依下列步驟進行商品圖片簡報製作。

STEP 01　啟動 Impress，開啟簡報範例檔案：SL1_4.odp。

STEP 02　選擇第二張投影片「圖示介紹」。

STEP 03　你會發現目前的版面配置有些凌亂，請選取「藍芽」的圖示與文字說明，按一下
　　　　功能表「格式」→「對齊」→「上」項目。

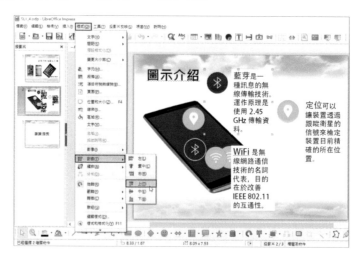

STEP 04　點擊功能表「格式」→「群組」項目，並按下「群組」；然後請依序完成其他部
　　　　分的群組，例如：定位、WiFi 等群組，可以使用快速組合鍵 Ctrl + Shift + G 鍵。

STEP 05　依序選取藍芽、定位、WiFi 等群組，先按下功能表「格式」→「對齊」→「上」
　　　　項目，再按下「格式」→「對齊」→「右」項目，調整圖示與文字說明的位置。
　　　　若圖示對不齊或文字沒有重疊覆蓋，請自行微調。

STEP 06　依序選取藍芽、定位、WiFi 等群組，點選功能表「投影片放映」→「自訂動畫」
　　　　→「縮放」動畫項目，並設定預存時間的開始為「點按時」。

STEP 07　依序選取藍芽、
　　　　定位、WiFi 等群
　　　　組，點選功能表
　　　　「動畫」→「動
　　　　畫窗格」項目，
　　　　然後調整各群組
　　　　的動畫順序。

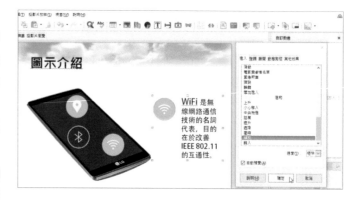

STEP 08　請按下快速鍵 F5
　　　　鍵進行投影片播
　　　　放，就可了解此功能的用途了。

說明　由簡報者控制「點按時」的順序時間，可以達到不同的現場時間控制效果。

圖片尺寸的一致性

簡報製作最怕碰到一堆尺寸不一致的圖片，想要製作精美的簡報，就必須調整圖片尺寸，因而我們在製作簡報時，可能會花費不少時間，只爲了讓觀眾在欣賞簡報時能看見一致性的圖片。在過去，許多使用者會採用 Adobe 系列美工軟體中的 PhotoShop 影像編輯軟體，做批量轉換的圖片尺寸調整；或是一張張的將圖片導入簡報中，再進行尺寸調整。

而如果你要調整圖片，請一定要維持 4:3 的比率，即寬度爲 12 公分，高度爲 9 公分。這裡跟大家分享尺寸調整的計算轉換方式，1 公分大約等於 38 像素，而經由上述尺寸得知，你可以得到寬度爲 454 像素與高度爲 340 像素的圖片尺寸。

如果你需要快速進行圖片尺寸的調整變更，建議你於調整前先將圖片分類爲「直式」與「橫式」，並儲存在分類資料夾中；因爲「一致性」尺寸調整的關係，如果圖片的直式、橫式沒有事前分類，則圖片會容易產生變形的問題。

調整前　　　調整後
變形
變形

實現方案─調整圖片尺寸

|練習範例|Sample \ photo　　　　　　　　　　　　　|完成範例|Finish \ FSOK

Fotosizer 是一套免費的圖片調整工具。雖然 Impress 有類似於 PowerPoint 的「相簿」功能，可進行一致性圖片處理，但這裡筆者建議大家透過 Fotosizer 來完成圖片調整。

因為在 Fotosizer 中，只要幾個步驟，就可以進行批次壓縮、尺寸、格式及外框導入等圖片調整的功能，降低使用者在簡報中調整圖片的時間；除此之外，Fotosizer 也具有圖檔優化、圖片特效、旋轉圖片等額外功能。不過在使用 Fotosizer 批量調整圖片後，也請記得將調整後的圖片重新導入至 Impress 中進行簡報播放。

一、下載並安裝 Fotosizer

STEP 01　首先，請啟動網際網路瀏覽器，輸入 Fotosizer 網址：**URL** http://www.fotosizer.com/。

STEP 02　按下「Download Now」按鈕，然後點擊左側 Free 字樣的「DownLoad」按鈕，系統就會自行下載檔案並儲存至預設的資料夾中，本例儲存於「下載」資料夾。

STEP 03　請於「下載」資料夾中，按兩下「fsSetup209」安裝程式。

STEP 04　請設定安裝的語系，例如：繁體中文，然後先按下「OK」按鈕，再按下「下一步」按鈕。此時系統會詢問「授權協議」的相關訊息，請勾選「我接受授權協議中的條款」，按下「下一步」按鈕。

STEP 05　請設定目標資料夾，建議使用預設資料夾，例如：C:\Program Files (x86)\Fotosizer，然後繼續按下「下一步」按鈕。

STEP 06　設定勾選項目，例如：桌面捷徑、軟體更新，然後按下「安裝」按鈕；系統會自動完成安裝並詢問「啟動程式」訊息，請按下「完成」按鈕。

STEP 07 如果系統顯示購買訊息，請直接按下「繼續」按鈕，即可進入 Fotosizer 應用程式。

二、使用 Fotosizer 批量調整尺寸

請依下列步驟進行圖片的一致性尺寸調整。

STEP 01 點擊桌面上的「開始」功能鈕，選擇「Fotosizer」程式項目。如果系統顯示購買
訊息，請直接按下「繼續」按鈕，即可輕鬆進入 Fotosizer 軟體。

STEP 02 按一下「新增影像」按鈕，選取範例檔「Sample」→「photo」資料夾中的全部
圖片，然後點擊「開啟」按鈕。

STEP 03 設定圖片尺寸需求，本例寬度為 12 公分、高度為 9 公分；設定目的資料夾，本例
為「桌面」；設定輸出格式，請使用預設值；設定檔案名稱，請使用預設值。然
後按下「開始」按鈕。

STEP 04 按下「關閉」按鈕，我們已輕鬆完成所有圖片的尺寸變更。

在簡報中導入多圖片

　　若我們想在一張投影片裡放入一張以上的圖片，希望於投影片中快速導入多張圖片，可能會面臨的難題就是「版面佈局」。因為當一張投影片需要放置多張圖片時，投影片就會顯得很凌亂，而簡報者面臨的問題，便是如何美化投影片並將其呈現在觀眾面前。

　　依據筆者經驗，一張投影片最多放四張圖片，因為這樣的圖片數量除了可對稱擺設外，也易於調整；若一張投影片的圖片超過四張以上，就建議分二張以上的投影片進行配置。不過，若你一定要在一張投影片中呈現多張圖片，本單元將提供快速置入的技巧供大家參考。下圖描述的是在投影片中放置多張圖片所面臨的問題，例如：圖片不易擺放、圖片必定會縮小、圖片調整費時等。

單張圖片　　　　　　　　　　多張圖片

1. 圖片不易擺放
2. 圖片必定會縮小
3. 圖片調整費時
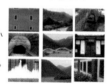

實現方案—相簿

| 練習範例 | Sample \ SL1_5.odp　　　　　　　　　　　　　　　　| 完成範例 | Finish \ FL1_5.odp

要在 Impress 中將多張外部圖片導入簡報，最好的方法就是使用「相簿」功能。我們無須額外尋求解決多圖片導入的方案，只需輕輕鬆鬆透過幾個步驟，就能以 Impress 的這項全新功能來完成製作。

　　請依下列步驟進行多圖片導入的簡報製作。

STEP 01　啟動 Impress，開啟簡報範例檔案：SL1_5.odp。

STEP 02　選擇第一張投影片「多圖片的導入」。

STEP 03 點選功能表「插入」→「媒體」→「相簿」項目。

STEP 04 系統會顯示新增相簿的訊息對話框，按一下「加入」按鈕後，系統會再度顯示插入圖片的訊息對話框，請選取範例檔「Sample」→「photo」資料夾中的全部圖片，按下「開啟」按鈕。

STEP 05 設定投影片版面配置為「2張影像」，維持長寬比，按下「插入投影片」鈕。

STEP 06 系統會自動將所有的圖片均分至每一張投影片中。可按下「投影片瀏覽」標籤來檢視所有投影片的內容，即可了解此功能的用途。

簡化文字簡報

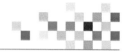

投影片的文字說明若是無法簡化，無論是對簡報者還是觀眾而言，在閱讀時都是一種痛苦。到底該如何在簡報進行時，讓觀眾輕鬆閱讀投影片的文字內容，而無須在投影片的一堆文字中找尋重點呢？依據學習效果而言，一張投影片最多可以有 7 個階層項目，每個項目的字數建議不要大於 4 個字，總文字不要超過 28 個字，方為最佳效果。因此，若你必須在簡報的一張投影片中使用 28 字以上的內容，建議使用「分割投影片」或「文字捲軸」等方式進行投影片設計。

「分割投影片」的呈現效果如下圖所示：

分割

「文字捲軸」的呈現效果如下圖所示：

捲軸

 # 實現方案—分割投影片

| 練習範例 | Sample \ SL1_6.odp | 完成範例 | Finish \ FL1_6.odp

關於簡化文字簡報的問題，可利用 LibreOffice Impress 獨有的特殊功能—分割投影片，來快速完成文字轉換成投影片的操作。其唯一的缺點是，「圖片」是無法使用此功能的，所以您必須額外使用「複製」、「貼上」，方可完成投影片的製作。

　請依下列步驟進行分割投影片的簡報製作。

STEP 01 啟動 Impress，開啟簡報範例檔案：SL1_6.odp。

STEP 02 選擇第四張投影片「LINE 的版本」。

STEP 03 選取標題文字「LINE 的版本」、圖片物件與來源說明文字，按下「剪下」的快速鍵 Ctrl + X 鍵，使其成為空白，只留下內容文字。

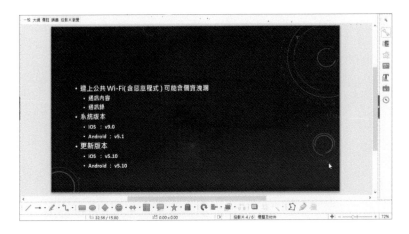

STEP 04 點選功能表「插入」→「展開投影片」項目。

STEP 05 此時系統會自動進行投影片內容的分割，你可以由左側呈現的投影片縮圖張數來得知分割效果。

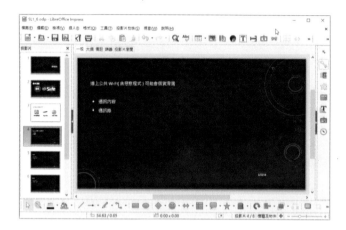

STEP 06 請自行調整第 4~6 張投影片的文字內容位置，本例將文字內容往下移動。

STEP 07 請依序切換到第 4~6 張投影片，分別按下「貼上」的快速鍵 Ctrl + V 鍵。

引導式說明

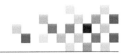

　　什麼是「引導式」簡報呢？簡單來說，「引導式」是一種可以讓聽取簡報的觀眾由「全然不知」到「一目了然」的設計，也是一種由簡報者透過投影片來告訴觀眾投影片之內容與未來呈現之內容的手法。換句話說，「引導式」能把不易理解的投影片內容用另一種方法敘述，例如：用不同的故事說明投影片要表達的事情，乍看之下與投影片要呈現的內容完全不相干，但可以讓觀眾深深體會與明白。

　　「引導式」簡報的製作，設計者必須事先安排投影片內容的導引順序，千萬不可造成「死結」的說明。何謂「死結」？簡單的說，就是投影片的說明文字 1 如表示不易，可能過多或太繁瑣時，設計者以圖解 1 來呈現說明，但圖解 1 的圖解又不易說明清楚時，又會造成必須使用說明文字 2 來解釋圖解 1 的圖，因而又產生圖解 2，重複循環的說明與圖解就是「死結」。如下圖所示：

 **實現方案─善用互動**

|練習範例|Sample \ SL1_7.odp　　　　　　　　　　　　　　　　　|完成範例|Finish \ FL1_7.odp

投影片的「互動」設計可以應用在許多實務性的簡報場合，例如：工程單位的路線介紹說明，或是行銷公司的產品區域分布說明。而 Impress 提供的「互動」功能與 PowerPoint 的「動作」功能相似，可解決許多需要以「引導式」方式播放投影片的問題。Impress 的「互動」方式大致有跳至上一頁、跳至下一頁、跳至第一頁、跳至最後一頁及跳至頁面或是物件等方式，請多多運用這些方式，讓您的簡報在播放時更有吸引力。

　　請依下列步驟進行引導式投影片的設計。

STEP 01　啟動 Impress，開啟簡報範例檔案，例如：SL1_7.odp。

STEP 02　選擇第三張投影片「封路路線圖」。

STEP 03　依序選取「東側路線」的圖片和文字物件，可搭配運用 Shift 鍵進行連續選取。

STEP 04　按下 Ctrl + Shift + G 鍵執行群組建置，或是按一下滑鼠右鍵，選擇「群組」項目進行群組建置。然後再請依序完成「西側路線」與「北側路線」的群組建置。

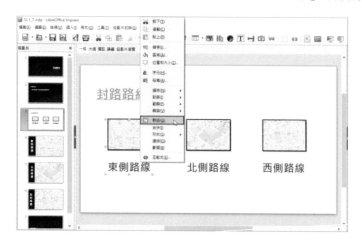

STEP 05　選取「東側」群組，點按功能表「投影片放映」→「互動」項目，進行互動設定。

STEP 06　在「互動式」視窗中，從「滑鼠點按時動作」項目中選擇「轉到頁面或物件」項目，然後點擊「連結目標」中的「東側路線」投影片項目，並按下「確定」按鈕。

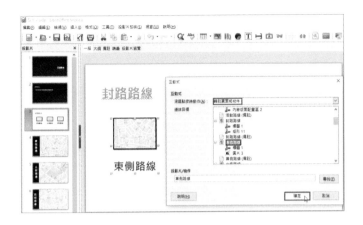

STEP 07 請自行完成其他路線群組的互動設定，例如：「北側」群組連結到「北側路線」投影片，「西側」群組連結到「西側路線」投影片。

STEP 08 選擇第四張投影片「東側路線」。

STEP 09 按一下「線條」圖示，請由路線圖中的左上方「中正路」繪製線段到右下方的「得和路」；按一下「插入接點」圖示，即可在線段上增加「接點」，然後進行點位移，就能完成不規則的線段繪製。

STEP 10 接著要設定線段圖案的細部項目。請按下側邊欄的「屬性」→「線條」項目，設定色彩為紅色、寬度為6點，並選擇箭頭為「圓形大箭頭」。

STEP 11 請自行完成其他投影片中的圖案繪製。例如：北側投影片的「永亨路」、西側投影片的「成功路」。

STEP 12 再次回到第四張投影片「東側路線」。

STEP 13 選取「東側路線」的圖片物件，按下功能表「投影片放映」→「互動」項目，進行互動設定。

STEP 14 在「互動式」視窗中，從「滑鼠點按時動作」項目中選擇「轉到頁面或物件」項目，然後點擊「連結目標」中的「封路路線」投影片項目，並按下「確定」按鈕。

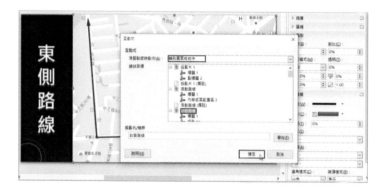

STEP 15 請依序完成「北側路線」、「西側路線」投影片的圖片互動返回設定，即可完成最簡單的引導式設計。

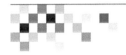

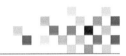

色彩運用

投影片最難呈現的效果就是「色彩」。企業簡報的色彩會有代表企業文化的用意，例如：HTC 是「綠色」，代表和平，不論男女消費者都喜愛；ASUS 華碩電腦是「藍色」，代表可靠。非企業簡報的色彩大部分會用內建的主題色彩，例如：佈景主題色彩。以下將簡略說明在簡報中使用色彩的技巧。

1. 對比分明

使用色彩的對比效果變化來進行簡報內容設計。即運用任何色系搭配時，必須是淺色和深色對比的搭配效果，讓視覺產生強烈的觀感變化，就能使簡報內容被關注。例如：黑白、藍白、紅白的原色（即紅、綠、藍）運用。這種簡報屬於個性化的簡報，如右圖所示。

2. 混搭風格

當不同的色彩搭配在一起時，色相（即各種顏色，例如：紅、綠、藍）、彩度（即色彩的深淺程度）、明度（即色彩的明暗程度）等作用會使視覺產生明顯的色彩變化。

即同時運用二個以上不同的色彩進行配色，例如：灰橙紅橙、橙黑黃白、綠白藍紫等各種色彩一同搭配。這種技巧適合了解顏色組合的設計者，若是對色彩沒有敏銳的感知，建議不要輕易在簡報中使用此技巧，這可能會讓你的簡報產生失焦的反效果，如右圖所示。

不論使用何種色彩配色方式為簡報內容進行色彩配置，其主要用意就是表現企業的文化與吸引觀眾的目光，因此，建議你可以透過網站學習如何運用色彩，可參考下列網站：

● Colorplan： URL http://www.colorplanpapers.com/

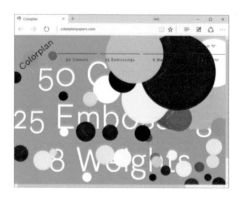

● Colordot： URL https://color.hailpixel.com

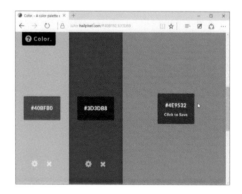

● Adobe Color CC： URL https://color.adobe.com/zh/

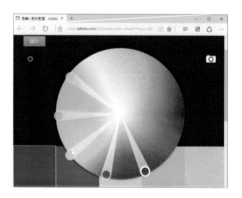

實現方案—色彩取代

|練習範例|Sample \ SL2_1.odp｜　　　　　　　　　　　　　　|完成範例|Finish \ FL2_1.odp

「自訂色彩」可以美化簡報的視覺呈現效果，而「色彩取代」則可以快速統一色彩，提高使用效率。Impress 提供了全新的「圖片色彩取代」功能，透過「色彩取代器」工具，您可以替換現有圖片使用的色系，進而統一投影片中的色彩。

　　請依下列步驟進行色彩取代的簡報製作。

STEP 01　啟動 Impress，開啟簡報範例檔案：SL2_1.odp。

STEP 02　點選第二張投影片的背景圖片。

STEP 03　點選功能表「工具」→「色彩取代器」項目。

STEP 04　設定需要替換的色彩項目，例如：紅色變換為黃色 1。LibreOffice Impress 最多可更換四個顏色。

STEP 05　按下「取代」按鈕。

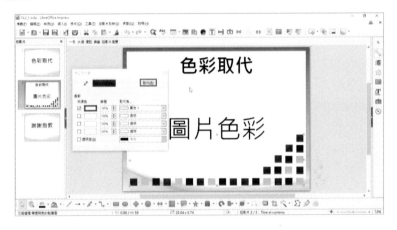

STEP 06　此時系統會自動替換圖片內容的色彩相容度，你可以透過呈現結果來檢視替換的效果。

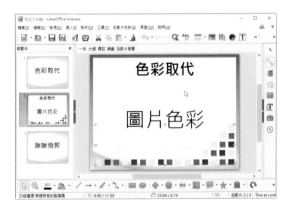

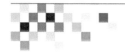

LOGO設計

　　有時候我們可能會想為簡報增加一點專業商標，但是礙於沒有設計的專業能力或足夠的預算，因為最後只好打消念頭。其實，設計 LOGO 用於簡報中的主要用意，是要強化觀眾對簡報的印象；而企業通常本來就有代表性的 LOGO，無須簡報者另行設計，因此，本單元要教導大家如何活用 LOGO，讓它變成動畫，以致於看起來更有生命力。

　　LOGO 的動畫是非常重要的，簡報者可將設計的動畫 LOGO 放置於簡報的母片，讓所有投影片皆顯示此動畫 LOGO。這是非常重要的簡報實務，因為可以留住聆聽者對簡報者所屬企業或簡報內容的目光。一般簡報者並不太重視 LOGO 設計，主因為 LOGO 是企業現成的資訊，對於簡報內容沒有太大助益；但筆者的看法則有所不同，若是我們可以為 LOGO 配上投影片的物件動畫效果，讓 LOGO 具有生命，那麼簡報枯燥的內容也將會變得不一樣。

實現方案─整合應用

|練習範例|Sample \ SL2_4.odp　　　　　　　　　　　　　　|完成範例|Finish \ FL2_4.odp

談到「動態 Logo」，這裡要教大家善用「雲端」製作動態 LOGO。您可以先使用 Impress 輸出圖片元素，再透過「雲端」來免費將圖片製成動態 LOGO。

一、轉換與輸出

　　請依下列步驟進行活化 LOGO 的設計。

 STEP 01　啟動 Impress，開啟簡報範例檔案：SL2_4.odp。

STEP 02 選取「電腦圓形圖」圖案，即第一張投影片左上方的圖案。

STEP 03 按一下滑鼠右鍵，選擇「轉換」→「轉換成圖形檔」清單項目。

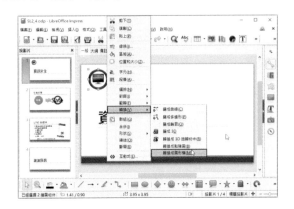

STEP 04 再次選取「電腦圓形圖」圖案，點擊功能表「檔案」→「匯出」項目，設定儲存位置、檔案名稱（本例為「logo_animate03」），並設定存檔類型為 PNG（可攜式圖形），然後勾選「選取」項目，按下「存檔」按鈕。

STEP 05 此時系統會顯示 PNG 的訊息對話框，請使用預設值，按下「確定」按鈕。

STEP 06 請按下還原的快速鍵 Ctrl + Z 鍵，然後再單獨選取「圓形」物件圖形，並點擊功能表「格式」→「區域」清單項目，設定不同的色彩，例如：Tango 黃。最後再按下「確定」按鈕。

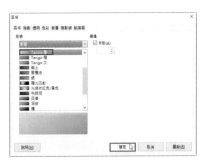

STEP 07　再次選取「電腦圓形圖」圖案，點擊功能表「檔案」→「匯出」項目，設定儲存位置、檔案名稱（本例為「logo_animate04」），並設定存檔類型為 PNG（可攜式圖形），然後勾選「選取」項目，按下「存檔」按鈕。

STEP 08　此時系統會顯示 PNG 的訊息對話框，請使用預設值，按下「確定」按鈕。

STEP 09　選取「電腦圓形圖」圖案，然後按下鍵盤 Delete 鍵，刪除圖案。

二、善用雲端製作動畫

　　請依下列步驟進行「動態 LOGO」設計。

STEP 01　請使用雲端免費的動畫 GIF 檔案製作網站，本例使用 Picasion：URL http://picasion.com/。

STEP 02　按一下「Image」區域右側的「瀏覽」按鈕，分別選取設計好的圖檔，本例為「logo_animate03」、「logo_animate04」。

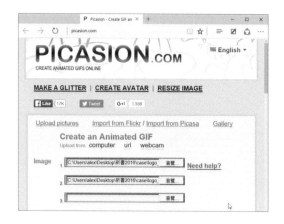

STEP 03　設定 Size 的內容，請依自己產生的圖檔大小尺寸為主，本例的圖檔大小為 151；然後按下「Create animation」按鈕。

STEP 04　網站會自動產生動態圖，你可以透過瀏覽器預覽效果；接著請按下「Save this animation to your computer」按鈕，即可完成圖檔下載。

三、導入母片

請依下列步驟進行導入母片的設計。

STEP 01 現在你的簡報設計畫面應該會回到 SL2_4.odp 的第一張投影片。

STEP 02 點擊功能表「檢視」→「母片」→「投影片母片」項目,然後按一下左側的第一張母片投影片縮圖。

STEP 03 點擊功能表「插入」→「影像」項目,然後從剛剛下載動畫圖檔的資料夾中選擇動畫圖檔(該檔案名稱會由網站系統決定,故你所儲存的動畫圖檔名稱將與此處範例不同),並按下「開啟」按鈕。

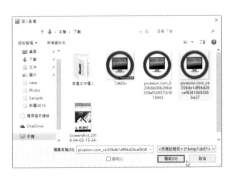

STEP 04 請自行設定左側的所有投影片:點擊功能表「插入」→「影像」項目,選擇動畫圖檔檔案,並按下「開啟」按鈕。

點擊功能表「檢視」→「一般」項目，即完成所有操作。

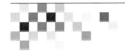

無接縫簡報

「無接縫簡報」是一個費工的設計，但設計完成的效果會讓人覺得驚奇有趣。筆者在一個會議機緣下得到了這樣的訊息需求，於是當下教導會議中的人士，大家都覺得這個效果不錯用。這裡為大家說明「無接縫簡報」的製作技巧，這個解決問題的靈感是由「平板電腦」而來的，主要運用「裁剪」、「互動設定」兩大技巧。

實現方案—無接縫簡報

|練習範例|Sample \ SL2_10.odp　　　　　　　　　　　　　　|完成範例|Finish \ FL2_10.odp

本單元推薦大家使用一款自由軟體— Greenshot，來進行擷取螢幕的操作。接著再將擷取的畫面導入至 Impress，運用 Impress 提供的「互動式設計」，完成無接縫簡報製作。

一、下載並安裝螢幕截取軟體 Greenshot

Greenshot 是一套螢幕擷圖的免費自由軟體，使用者只需按下鍵盤快速鍵 PrtScr 鍵，即可擷取全螢幕、視窗、指定區域等螢幕畫面。

● 官方網站載點：<abbr>URL</abbr> http://getgreenshot.org/

請依下列步驟進行 Greenshot 的下載與安裝。

STEP 01 請先上網進入 Greenshot 網站。

STEP 02 按一下「Download」文字連結即可順利下載。系統完成下載時會詢問安裝與否，請直接按下「執行」，即可依步驟進行安裝。

STEP 03 完成安裝後，系統會顯示結束畫面，請按下「Finish」按鈕完成安裝。

STEP 04 安裝完成了之後，系統會自動啟動 Greenshot（可以由工作列上的 Greenshot 圖示得知）。

二、開始截取螢幕

請依下列步驟進行螢幕截取的動作。

STEP 01 請先上網進入 Google MAP 網站，設定要設計的地圖位置。

STEP 02 按下快速鍵 Ctrl + PrtScr 鍵，進行螢幕擷取，然後按下「複製到剪貼簿」。

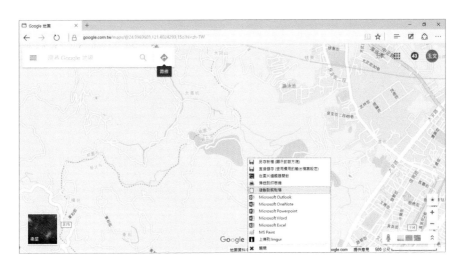

STEP 03 啟動 Impress，開啟簡報範例檔案：SL2_10.odp。

STEP 04 點擊第一張投影片的左側投影片區域，按下快速鍵 Ctrl + V 鍵貼上，然後在貼上的圖片上按下滑鼠右鍵，選擇「裁切影像」項目。

STEP 05 請自行修正需求圖片範圍，並依序到 Google Map 移動地圖範圍，再回到 Impress 軟體，點擊第二張投影片的左側投影片區域，按下快速鍵 Ctrl + V 鍵貼上，並在貼上的圖片上按下滑鼠右鍵，選擇「裁切影像」項目。

STEP 06 重複上述步驟，依序完成擷取想要介紹的地圖範圍內容，分別置入第二張、第三張與第四張投影片中。

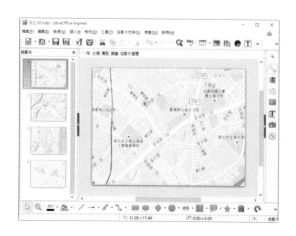

三、互動式設定

Impress 提供了全新的互動式設計,請依下列步驟進行互動式設定。

STEP 01 按一下第一張投影片的左側投影片區域,選擇圖案工具列的「矩形」圖示工具,於投影片上方繪製一個矩形圖形,然後按下功能表「投影片放映」→「互動」項目。

STEP 02 設定「滑鼠點按時動作」為「轉到下一投影片」項目。

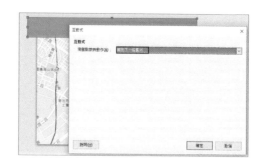

STEP 03 重複上述步驟,依序完成第二張與第三張投影片的左側矩形圖繪製,並設定「互動」的「滑鼠點按時動作」皆為「轉到下一投影片」項目。

STEP 04 請將所有矩形圖案的格式都設定為透明。點擊第一張投影片上方的矩形圖案,按一下「格式」功能表,設定區域與線條的色彩皆為「無」項目。

STEP 05 按一下功能表「投影片放映」→「從第一張投影片開始」項目，就可以看到「無接縫簡報」的投影片換頁效果。

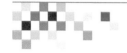

多個簡報整合

工作中難免會用到來自不同簡報的投影片內容，例如：文字、圖片、音樂，這對製作簡報者而言，實在是一種挑戰。過去看到許多簡報製作者是在開啟 A 檔案後，對投影片進行「複製」操作，然後先關閉 A 檔案，再到 B 檔案進行「貼上」投影片的操作；但這樣的操作方法實在不可取，因為整合投影片不單單只是複製投影片的內容而已，有時還需考量投影片所使用的「母片」格式、投影片的所在位置，例如：雲端。因此，整合投影片時必須多方面考量，這樣才能有完整性的投影片整合效果。「投影片整合」的考量因子如右圖所示：

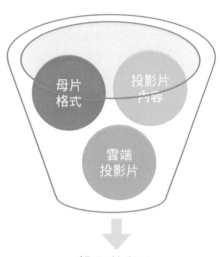

投影片整合

實現方案─整合本機投影片

| 練習範例 |Sample \ SL1_9.odp | 完成範例 |Finish \ FL1_9.odp

用 Impress 整合不同簡報的投影片，可以應用在本機的簡報整合技術。對整合來自「不同磁碟」的投影片來說，這是一種輕而易舉的執行方案，您可以藉由 Impress 提供的「插入檔案」功能，進行不同磁碟中的簡報整合。此外，善用「連結」功能可快速整合簡報，而「取消連結」功能則可進行實質的簡報整合；這二種方式各有優缺點，「連結」檔案小且容易有檔案流失的狀況，而「取消連結」檔案大但容易產生記體不足的現象。不過，不論您在 Impress 中使用何種方式來整合投影片，只要簡報檔案儲存位置固定，都不會影響簡報的整合成果。

請依下列步驟進行整合投影片的簡報製作。

STEP 01 啟動 Impress，開啟簡報範例檔案：SL1_9.odp。

STEP 02 選擇第一張投影片的位置。

STEP 03 點選功能表「插入」→「檔案」項目。

STEP 04 選取你想插入的檔案，本例為範例檔「Sample」→「ole」資料夾中的「ODP1.odp」，然後按下「開啟」按鈕。

STEP 05 取消勾選「連結」項目，按下「確定」按鈕。

STEP 06 選擇第五張投影片的位置。

STEP 07 點選功能表「插入」→「檔案」項目。

STEP 08 選取你想插入的檔案，本例為範例檔「Sample」→「ole」資料夾中的「ODP2.odp」，然後按下「開啟」按鈕。

STEP 09 取消勾選「連結」項目，按下「確定」按鈕。

STEP 10 點選功能表「檢視」→「投影片瀏覽」項目。

STEP 11 此時系統會用縮圖來呈現投影片內容，你可以由呈現的投影片張數中，得知是否整合成功。

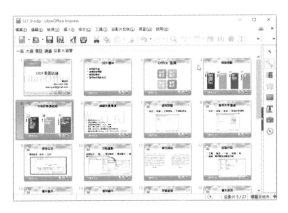

在簡報中導入外部物件

　　「導入外部物件」是快速製作簡報的常用技巧，在過去，簡報者最常用的解決方案是「複製」、「貼上」。有鑑於此，本單元想與大家分享「導入外部物件」的技巧。這是快速製作簡報的最佳解決方案，在未來，簡報者可以將這樣的技巧運用在其他的應用程式導入，例如：試算表軟體、文書處理軟體等，能省去許多簡報編輯上的問題。不過，快速便捷的「物件導入」一定要在上台前先行測試，因為系統環境可能會不支援，不少人可能曾為此深受其害，例如：檔案連結打不開、檔案格式無法開啟等。

 ## 實現方案──文件導入

| 練習範例 | Sample \ SL1_8.odp　　　　　　　　　　　　　　| 完成範例 | Finish \ FL1_8.odp

　　不同的簡報軟體對導入外部物件有不同的解決方案，Impress 的「OLE 物件」就是解決導入外部物件的良藥。本單元要介紹如何結合自由軟體與外部程式的解決方案，例如：OLE 物件，本單元藉由外部「文件」導入的需求進行設計投影片，請您多多運用此技巧進行其他物件的導入，您會發現這是不一樣的呈現技巧。

請依下列步驟進行導入外部物件的簡報製作。

STEP 01　啟動 Impress，開啟簡報範例檔案：SL1_8.odp。

STEP 02　選擇第三張投影片「業務報告」。

STEP 03　點選功能表「插入」→「物件」→「OLE 物件」項目。

STEP 04　先按一下「從檔案建立」按鈕，然後點擊「搜尋」按鈕。

STEP 05　選取要插入的外部物件，本例為範例檔「Sample」→「ole」資料夾中的「業務.odt」，然後按下「確定」按鈕。

STEP 06　請自行決定「連結至檔案」的勾選項目。如勾選「連結至檔案」項目，未來簡報在其他電腦或系統播放時，你必須將「連結檔案」一併帶走，否則會產生無法播放導入物件內容的困擾；反之，如不勾選「連結至檔案」項目，未來簡報在其他電腦或系統播放時，雖然無前述的播放問題，但會有簡報檔案過大的風險。

STEP 07　按下「確定」按鈕後，即可插入外部物件。

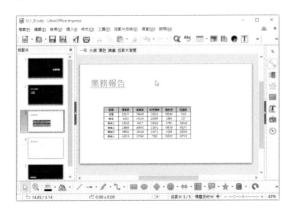

STEP 08　選擇第四張投影片「產品報告」。

STEP 09　點選功能表「插入」→「物件」→「OLE 物件」項目。

STEP 10　先按一下「從檔案建立」按鈕，然後點擊「搜尋」按鈕。

STEP 11　選取要插入的外部物件，本例為範例檔「Sample」→「ole」資料夾中的「產品圖.odt」，然後按下「確定」按鈕。

STEP 12　再按下「確定」按鈕，會發現導入的物件是業務的原始文件資料，而非這裡希望呈現的圖表。

STEP 13　請直接用滑鼠左鍵按兩下文字物件，系統就會自行啟用物件編輯軟體，例如：
writer 文件編輯軟體。

STEP 14　請移至文件第一頁的「產品圖」位置頁面，並於物件外部按一下滑鼠左鍵，即表
示結束編修「文件物件」。

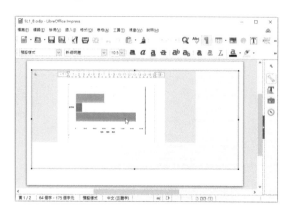

在簡報中導入影片

「影片」是商業簡報中必備的元件，許多企業會在產品發表會上播放產品的製程影片，另外也有網路業者會在簡報中置入防範教學的操作影片，因此，在簡報中導入合適的影片，可謂是一門大學問。另外，簡報者需要用到的影片，很有可能無法在某些簡報軟體中播放，因為在不同的簡報工具軟體中置入影片時，會有影片檔案格式的限制，例如：Impress 簡報編輯軟體就不支援 MP4 的影片格式。

影片格式

對於不被簡報軟體支援的影片，建議簡報者先行將影片轉檔後再置入簡報；但是在進行影片格式轉換前，請先認識影片格式，如下表所示。

影片格式	說明
AVI	AVI 是 Windows 的主流視訊格式，其檔案的影像資訊和音樂資訊是分開的，故可將二個 AVI 檔案合併。注意它有 2GB 或 4GB 的容量限制。
MPEG-1	一般 VCD 的編碼格式，常見解析度為 352×240，一片約 74 分鐘左右的 VCD 檔案容量為 650MB。
MPEG-2	一般 DVD 的編碼格式，常見解析度為 720×576，一片 DVD 的檔案容量為 4.7GB。
MPEG-4	目前最常用的視訊格式（DivX、XviD、WMV9）。
RM	REAL 公司開發，最流行的網路串流媒體格式。
MOV	由 Apple 公司主推的視訊格式，須使用 QuickTime Player 觀看。
nAVI（new AVI）	以 ASF 壓縮法修改，增加畫面更新率，可提高畫面解析度。
DV-AVI	數位攝影機（Digital Video）的影像格式，須由 IEEE 1394 連接埠傳輸影像資料。
H.264	由 MPEG-4 衍生出來的影像格式，應用於 BD、HD DVD、網路環境、HDTV 高畫質電視。
DivX	即 DVDrip 格式，副檔名為 AVI，畫質為 DVD，體積為 DVD 的 1/10。
MTS	藍光標準格式，畫質高，體積大。
WMV	微軟公司開發，須使用 Windows Media Player 播放。
FLV	用於線上影片，如 YouTube。

播放軟體

在簡報中置入影片時，系統也必須要有影片播放軟體。以下簡單介紹常見的影片播放軟體與下載位置。

軟體名稱	下載位置
DVD X Player	_URL_ www.dvd-x-player.com
KM Player	_URL_ www.kmplayer.com
QuickTime Player	_URL_ www.apple.com/tw/quicktime
RealPlayer	_URL_ tw.real.com
Windows Media Player	_URL_ www.microsoft.com

影片轉檔

影片格式不被簡報軟體支援時，建議進行影片檔案格式轉換。以下簡單介紹如何使用影片轉檔工具來進行格式轉換。

1. MovieMaker

Windows Movie Maker 是微軟電腦公司開發的影片編輯軟體，它是完全免費的影片編輯軟體，只要是合法的 Windows 作業系統用戶，就能到微軟網站下載安裝：_URL_ http://windows.microsoft.com/zh-tw/windows/movie-maker/，並使用此影片編輯軟體進行影片格式轉換。

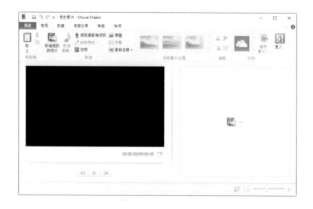

2. 格式工廠

格式工廠是一套萬能的多媒體格式轉換軟體，有許多的影片工作者會使用此工具進行影片檔案格式轉換。在轉換過程中，它可以修復某些損壞的視訊檔案；此外，也有支援 iPhone/iPod/PSP 等多媒體指定影片格式。大家可以至官網下載安裝。

實現方案─導入影片

| 練習範例 | Sample \ SL2_2.odp | | 完成範例 | Finish \ FL2_2.odp

LibreOffice Impress 自由軟體雖然沒有 Microsoft PowerPoint 的影片編輯功能，但是它可以整合其他影片編輯軟體，例如：MovieMaker。所以使用者可以透過這樣的方式，將影片導入至 Impress 中進行簡報播放。但是千萬別忘記，您在導入影片前，必須先轉換影片格式再導入 Impress，例如：MP4 轉換成 AVI。

以下為 Impress 可接受的影片格式：

檔案格式	副檔名
Windows Media 檔案	.asf
Windows 視訊檔案	.avi
電影檔案	.mpg .mpeg . mov
Adobe Flash Media	.swf
Windows Media 視訊檔	.wmv

一、MovieMaker 影片轉換

如果要置入 Impress 簡報中的影片格式為「MP4」，那麼千萬不可直接導入影片，因為 Impress 會顯示無法使用的訊息。建議你依下列步驟進行影片轉換。

STEP 01 啟用 Movie maker 影片編輯軟體程式。

STEP 02 點選「常用」功能表，按下「新增」群組中的「新增視訊與相片」項目。

STEP 03 本例選取範例檔「Sample」→「movie」資料夾中的範例影片「movies.mp4」，然後按下「開啟」按鈕。

STEP 04 點擊功能表「檔案」→「儲存影片」項目，然後選擇「電腦」圖示項目。

STEP 05 請自行設定儲存影片的檔案位置、檔案名稱與檔案格式（WMV），本例為「movies.wmv」，然後按下「存檔」按鈕。

STEP 06 系統完成轉換後，會顯示是否要播放測試的訊息框，請按下「播放」鈕。

二、導入影片

STEP 01 啟動 Impress，開啟簡報範例檔案：SL2_2.odp。

STEP 02 選擇第二張投影片「影片欣賞」。

STEP 03 點選功能表「插入」→「媒體」→「音訊或視訊」項目。

STEP 04 選取前面已轉檔完成的範例影片，然後按下「開啟」按鈕，即可將影片導入投影片中。

在簡報中串接音樂

「音樂」是簡報會議執行前的暖場元件,在產品發表會上播放一點輕音樂,可以增加聆聽者參與的氣氛;而「背景音樂」則是創造簡報藝術的一種技巧,但如何播放二首以上的音樂,卻是簡報設計中的另一種技巧。曾有婚紗業者提出如何運用簡報工具製作婚紗光碟,其背景音樂必須能夠「串接」,這和我們要討論的簡報設計與問題解決倒是不謀而合。

在簡報中導入合適的「串接音樂」時,請注意,音樂是有版權的,一定要小心使用,不可以恣意地將音樂導入簡報中。此外,在不同的簡報工具軟體中置入音樂時,還會有檔案格式的限制,例如:Impress 簡報編輯軟體就不支援 RA 的音樂格式。

音樂格式

對於不被簡報軟體支援的音樂,建議簡報者先行將音樂轉檔或編修後,再置入簡報中。在此請先認識音樂有哪些檔案格式,如下表所示。

格式	說明
WMA	為 Windows Media Audio 的縮寫,由微軟開發的開放支援在網路和協定上的資料傳輸標準,可支援音頻、視頻及其他一系列的多媒體類型。
AU	是 SUN 的 AU 壓縮音效檔案格式,為 8 位元的聲音。
AIF/AIFF	為蘋果公司開發的一種音效檔案格式,為 16 位 44.1kHz 立體聲。
MD	為 SONY 公司推出的可攜式音樂格式,壓縮比是 1:5。
RA、RM	Real 公司的網路音頻格式,檔案格式含版權、演唱者、製作者等資訊。
MP3	採用 MPEG Audio Layer 3 技術,將聲音用 1:10 的壓縮率壓縮,採樣率為 44kHz、比特率為 112kbit/s,並以數位方式儲存。
MIDI	以數位方式記錄樂器演奏的聲音,為 Musical Instrument Data Interface 的簡稱。
MOD	是一種真實採樣、體積很小的音樂格式,MOD 可以包含很多音軌,如 S3M、NST、MTM、XM 和 RT 等。
WAV	Windows 多媒體音頻格式,其採樣頻率一般有 11025Hz(11kHz)、22050Hz(22kHz)和 44100Hz(44kHz)三種。

編輯與轉檔

音樂格式不被簡報軟體支援時，建議進行音樂檔案格式轉換。以下簡單介紹如何使用音樂轉檔工具來進行格式轉換。

1. Audacity

Audacity 是一款完全免費且自由的開放原始碼軟體，可以執行於 Mac OS X、Microsoft Windows、GNU/Linux 和其他作業系統，可匯入 WAV、AIFF 及 MP3 等不同音樂格式的檔案並加以編輯，使用者可任意搭配剪輯、複製、混音等功能，創造出令人意想不到的特效音樂檔案。

● 官方網站下載：🔗 https://sourceforge.net/projects/audacity/

2. 音樂轉檔精靈（MediaConvert）

音樂轉檔精靈是一套免費的音樂或聲音轉換工具軟體，操作簡單、轉換速度快，可接受的聲音類型眾多，例如：wav、mp3、wma、mod、s3m、it 等。

● 官方網站下載：🔗 http://hola.idv.tw/

實現方案──導入音樂

|練習範例|Sample \ SL2_7.odp　　　　　　　　　　|完成範例|Finish \ FL2_7.odp

LibreOffice Impress 導入「音樂」可以解決投影片需要音樂輔助播放的問題，若你可以使用自由軟體 Audacity 音樂編輯軟體進行音樂編輯，例如：剪輯、合併、分割。然後再導入至 Impress 的投影片中，則可以呈現動人的多媒體簡報，請您在導入「音樂」前，應該注意音樂的檔案格式，Impress 可接受的音樂格式是有限制的，您也可以使用 Audacity 音樂編輯軟體進行音樂格式的檔案轉換。

一、Audacity 音樂剪輯

因為 Impress 無法對載入的音樂進行編修，所以我們可以使用 Audacity 音樂編輯工具軟體進行音樂編修與串接，注意安裝時可以設定「English」語系。接下來，請依下列步驟進行音樂串接。

STEP 01 啟用 Audacity 音樂編輯軟體程式。

STEP 02 點擊功能表「檔案」→「匯入」→「音訊」項目。

STEP 03 選取範例音樂檔案，本例使用微軟內建的音樂檔「Kalimba.mp3」（讀者可從電腦的「媒體櫃 \ 音樂 \ 範例音樂」資料夾或範例檔的「Sample\music」資料夾中找到）。

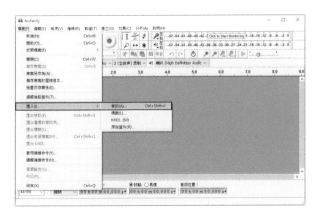

STEP 04 先用滑鼠直接選取「01:00」之前的範圍，按下「剪下」圖示鈕；接著再用滑鼠直接選取「01:00」之後的範圍，按下「剪下」圖示鈕。此方式保留了原音訊檔案 1:00~2:00 的音樂範圍。

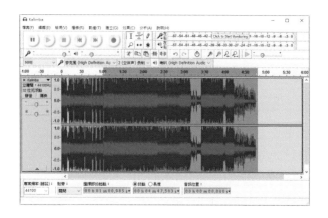

STEP 05 點擊功能表「檔案」→「匯入」→「音訊」項目。

STEP 06 選取範例音樂檔案，本例使用微軟內建的音樂檔「Sleep Away .mp3」。

STEP 07 用滑鼠直接選取「00:00」之後的範圍，按下「剪下」圖示鈕；接著選取上方音軌「01:00」之後的位置，按下「貼上」圖示鈕。

STEP 08 點擊功能表「檔案」→「匯出」→「音訊」項目。

STEP 09 請自行選擇儲存音樂的檔案位置、檔案名稱，並設定檔案格式為 WAV，本例為「music.wav」。最後再按下「存檔」按鈕。

二、導入背景音樂

STEP 01 啟動 Impress，開啟簡報範例檔案：SL2_7.odp。

STEP 02 在左側視窗中選擇第一張投影片，然後點擊功能表「投影片放映」→「投影片轉場」項目。

STEP 03 在右側視窗中點選「聲音」項目，將其設為剛剛匯出、儲存的「music.wav」音樂檔案。

STEP 04 勾選「循環到下一個聲音出現為止」項目，即可完成背景音樂的導入。

螢幕錄製

「螢幕錄製」是教學簡報中必備的技能。在一般的員工訓練課程中，非常需要藉由「螢幕錄製」來製作教學課程內容，以幫助學員學習、吸收；且網路上的許多學習課程也會需要用到教學影片，因此，如何進行「螢幕錄製」，可真是一門學問。

PowerPoint 2016 已具有內建的「螢幕錄製」功能，但 LibreOffice Impress 並沒有該項功能，所以我們將透過另一款自由軟體來為大家介紹「螢幕錄製」的操作技巧。下表列出的是常見的錄影軟體。

軟體	下載位置
PowerPoint 2016	URL www.microsoft.com.tw
Apowersoft	URL www.apowersoft.tw/free-online-screen-recorder
oCam	URL ohsoft.net/en/product_ocam.php
ActivePresenter	URL atomisystems.com/activepresenter
Debut Video Convert	URL www.nchsoftware.com/capture/

實現方案─螢幕錄影

|練習範例|Sample \ SL2_3.odp |完成範例|Finish \ FL2_3.odp

目前很多企業漸漸需要數位學習簡報的製作，而簡報中的數位教學影片必須依賴「螢幕錄製」工具軟體。Debut Video Capture 是一款自由軟體，也是免費的螢幕錄製軟體，可以捕捉電腦螢幕畫面。我們可以事先設定影片的檔案格式、螢幕尺寸、影格速度等相關資訊，然後再開始螢幕錄製的工作。不過請注意，使用 Debut Video Convert 完成螢幕錄製後，其輸出的影片格式不可以為 MP4，因為 LibreOffice Impress 無法接受此種影片格式。

一、下載並安裝

STEP 01 請至 NCH 網站：URL http://www.nchsoftware.com/capture/。

STEP 02 按下「Download Debut Video Capture Software for Windows」連結文字,即可立即下載;系統會自行下載檔案並儲存至預設的資料夾中,本例儲存於「下載」資料夾。

STEP 03 請於「下載」資料夾中,按兩下「debutpsetup」安裝程式,然後按下「是」按鈕。

STEP 04 選取「I Accept the license terms」項目,並按下「Next」按鈕。

STEP 05 Debut Video Convert 軟體會自動完成安裝並啟用。

二、螢幕錄製

STEP 01 啟動 Word,開啟文件範例檔案,例如:Sample\ole\wd2_3.docx。

STEP 02 啟用 Debut Video Convert 軟體後,按一下工作列上的「Screen」圖示鈕。

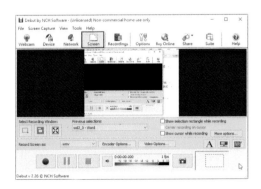

STEP 03 設定「Selects the window under the mouse cursor」，請選取 Word 文件視窗。

STEP 04 點擊「Record」按鈕，此時系統會顯示提示訊息框，請按下「Start Recording」按鈕。

STEP 05 請自行錄製需要的字型設定教學內容，錄製完成後，請按下快速鍵 Ctrl + F10 鍵；然後系統會顯示完成檔案，你可以直接預覽結果。

STEP 06 接著點擊「Recordings」按鈕，此時系統會顯示預覽存檔視窗，請按下「Convert」按鈕。

STEP 07 系統再度顯示存檔視窗，請再次按下「Convert」按鈕，注意檔案的儲存位置與檔案名稱。

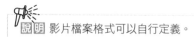 影片檔案格式可以自行定義。

三、導入影片

STEP 01 啟動 Impress，開啟簡報範例檔案：SL2_3.odp。

STEP 02 選擇第二張投影片「字型設定教學」。

STEP 03 點擊功能表「插入」→「媒體」→「音訊和視訊」項目。

STEP 04 選取剛剛錄製好的影片檔案，並按下「開啟」按鈕，將影片導入簡報中。

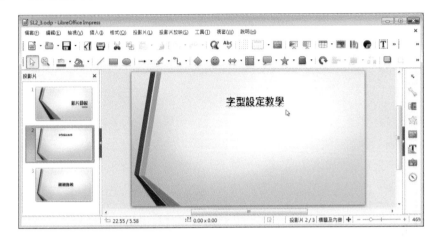

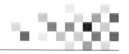
雙螢幕播放

　　「簡報播放」是所有簡報者在上台時最重要的處理事項，例如：簡報者在產品發表會上有一堆關於產品規格的資料要說明，但又不能全部加到簡報用的投影片上，因此，設定「雙螢幕」才是解決之道。但究竟該如何設定雙螢幕功能呢？原則上必須要有兩張顯示卡，或是使用筆記型電腦來連接投影機，這樣就能在簡報播放時顯示雙螢幕功能了。

▉ 實現方案──雙螢幕設定播放

| 練習範例 | Sample \ SL2_8.odp　　　　　　　　　　　　　　　　　　　| 完成範例 | 無

LibreOffice Impress 具有全新的「多重顯示」播放方式。使用者不論使用何種作業系統及有無二張顯示卡，LibreOffice Impress 皆可以設定「多重顯示」播放，當然，播放時系統連接的投影機一定要注意簡報播放時的螢幕顯示設定內容，例如：「簡報顯示器」設定至「顯示器 1」。而每個系統可能會有不同的「簡報顯示器」設定，請一定要在上台報告前確認，千萬別設定錯誤，這可是會貽笑大方。

一、系統設定（以 Windows 7 為例）

　　請依下列步驟進行雙螢幕設定。

STEP 01 首先，筆記型電腦要連接到第二個螢幕。

STEP 02 請縮小所有工作視窗，回到電腦的開機畫面「桌面」。

STEP 03 在桌面上按一下滑鼠右鍵，選擇「螢幕解析度」清單項目。

STEP 04 點擊「連接到投影機」連結文字項目，從中選擇「延伸」圖示後，再按下「確定」
按鈕。

二、LibreOffice Impress 設定

請依下列步驟進行雙螢幕設定。

STEP 01 啟動 Impress，開啟簡報範例檔案：SL2_8.odp。

STEP 02 點擊功能表「投影片放映」→「投影片放映設定」清單項目。

STEP 03 在「多重顯示器」項目中，設定「簡報顯示器」為「顯示器 1」。

STEP 04　點擊功能表「投影片放映」→「從第一張投影片開始」項目，就會發現簡報者的
畫面和投影機畫面並不相同。

簡報者的畫面　　　　　　　　　　　　　　　　投影機的畫面

不受限於簡報

　　簡報者在正式簡報前，若發現已完成的簡報檔沒有辦法在現場的電腦系統播放，該怎麼解決才好？少部分的簡報者會認為運氣不好、怪罪會場沒有準備好，然後就開始找現場人員解決問題；若無法解決問題，也會讓觀眾認知到這是會場的問題，而非簡報者的問題。但是筆者認為，在任何時刻、任何場地，簡報者都應該事先準備好，而不是一味要求現場人員，這才是簡報者的專業—不受限於簡報。

　　而為了解決這樣的問題，簡報者應該在出發前，用下列任何一種格式來輸出完成的簡報。

類型	因應之道
XML	以網頁模式觀看簡報內容，會場必須要有網際網路連線，或是由簡報者自行儲存成 XML 檔案，就可以使用系統內建的瀏覽器觀看簡報內容。
PDF	以 PDF 模式觀看簡報內容，會場主機要有 PDF READER 檢視軟體。此方式簡報者必須自行準備 PDF READER 工具軟體，或以系統內建的瀏覽器觀看簡報內容，但是不會有動畫效果。
JPG	以圖檔格式觀看簡報內容。此方式簡報者較不用準備任何軟體，能以系統內建的相片檢視器觀看圖片內容，但是不會有動畫效果，且效果最差。
封裝成光碟	以光碟模式觀看簡報內容。會場不需任何相關軟體皆可使用簡報者的簡報，使用此方式觀看簡報內容效果最好。

網頁模式

PDF 模式

圖檔模式

實現方案─輸出為 PDF 簡報

| 練習範例 | Sample \ SL2_5.odp　　　　　　　　　　　　　　　　　| 完成範例 | Finish \ FL2_5.pdf

LibreOffice Impress 可以將簡報直接輸出成 PDF 的檔案格式，這樣簡報內容就可以不受作業系統或簡報軟體的限制，完美地呈現在螢幕上，例如：Windows 作業系統、MAC 作業系統，而這樣務實的簡報輸出，已有許多政府單位採用，因為一般民眾也可以輕鬆的觀看簡報內容，無須安裝任何的簡報軟體。

　　請依下列步驟將簡報儲存成 PDF 檔。

STEP 01　啟動 Impress，開啟簡報範例檔案：SL2_5.odp。

STEP 02　點擊功能表「檔案」→「匯出成 PDF」項目，然後系統會顯示 PDF 的細部選項設定，請按下「匯出」按鈕。

STEP 03 請自行設定要儲存檔案的位置及檔案名稱，然後按下「確定」按鈕。

STEP 04 接著系統會自動啟用可檢視 PDF 結果的工具軟體，例如：Internet Explorer 瀏覽器。

列印無縮圖備忘稿

　　「備忘稿」是簡報者上台前會發給聆聽者的投影片式講義,簡報者需要在投影片中額外增加的文字說明或講稿,都可以放在備忘稿中。而一般的備忘稿列印,會直接將投影片變成縮圖,並於縮圖下方列印備忘稿文字說明,這其實是很不錯的用意,可讓聆聽者看圖又看字、進行對照;但有時企業會希望在列印時不含縮圖,只留下說明文字,讓聆聽者能在紙張上進行個人的額外記錄。

實現方案—列印無縮圖備註

|練習範例|Sample \ SL2_9.odp　　　　　　　　　　　　　　　|完成範例|Finish \ FL2_9.odp

　　「備註」的列印本是圖文並茂的一種輸出方式,LibreOffice Impress 可以輕鬆完成這項列印要求,使用者只須將工作環境切換到「備註」頁籤,再搭配 Delete 鍵,即可完成這項工作要求。而本例之所以使用 Impress 進行無縮圖備註的列印,是因為目前使用者有變多的趨勢。

　　請依下列步驟進行無縮圖備註列印。

STEP 01　啟動 Impress，開啟簡報範例檔案：SL2_9.odp。

STEP 02　點選「備註」標籤，然後按一下第一張投影片圖示。

STEP 03　點選投影片的上方投影片縮圖，然後按下鍵盤 Delete 鍵刪除。

STEP 04　重複步驟 3，依序選取所有的投影片，並刪除它們的上方投影片縮圖。

STEP 05　點擊功能表「檔案」→「列印」項目，設定「列印」區塊的「文件」為「備註」
　　　　　項目，然後按下「確定」按鈕。

ODF簡報製作

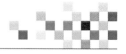

現在，有許多的簡報者正面對著來勢洶洶的自由軟體，而我國的國家發展協會也正式公告，未來所有提供給民眾的相關簡報格式，都必須要有「ODF」的檔案格式。到底什是「ODF」呢？ODF由昇陽電腦公司開發，其英文全名是OpenDocument Format的縮寫，其中文為開放文件檔案格式，是一種全新的文件格式規範，即基於XML的檔案格式規範，因應試算表、簡報與文書文件等電子文件而設置，其目的為保護使用者能長期存取資料，且不受技術及法律上的困擾。

目前，有許多政府機關已導入ODF的檔案格式，其優點為可免費下載、可跨平台安裝與使用、不受限版權問題、可永久保存。以下為ODF軟體文件的支援程式項目。

目前支援ODF格式的軟體有上升的趨勢，若你是使用其他的辦公室軟體，目前皆可以輕鬆地將簡報文件儲存為ODF的檔案格式。

實現方案—另存新檔

| 練習範例 | 資訊安全 .gslides（請透過內文連結於雲端上使用）　　　　| 完成範例 | Finish \ 資訊安全 ODF.odp

「雲端」簡報也可以轉換成ODF的簡報檔案格式，使用者可以運用「Google簡報」的「另存新檔」功能，免費地進行ODF簡報檔案格式的轉換，對於沒有簡報工具的使用者而言，這可是最好的解決方案。

如果你已在雲端上使用Google簡報設計出上台的簡報，請注意，雖然Google簡報（*.gslides）和LibreOffice Impress（*.odp）的檔案格式比較沒有太大差異，但是Google簡報（*.gslides）必須經由Microsoft PowerPoint（*.pptx）轉換成LibreOffice Impress（*.odp）的檔案格式，如下圖所示：

若你已確認直接轉換簡報的資料和內容無誤，請依下列步驟進行 ODF 簡報的轉換。

STEP 01 啟動瀏覽器，輸入網址： *URL* www.google.com.tw。

STEP 02 請自行登入雲端硬碟，你必須要事先申請成為 Google 會員。進入雲端硬碟後，請開啟 Google 簡報範例檔案（若你沒有 Google 簡報範例檔案，可直接透過下列網址，下載「資訊安全 .gslides」範例檔案進行練習： *URL* https://drive.google.com/open?id=1bIBkeuHLNUgyzbkORqVzfnTFroKE-Mn4svJvRvnzf_s。

STEP 03 點擊「檔案」索引標籤，選擇「下載格式」清單項目中的「Microsoft PowerPoint(.pptx)」項目，然後系統就會自動下載至預設的資料夾中（本例為「下載」資料夾）。

STEP 04 啟動 Impress，開啟剛剛下載的簡報範例檔案，本例為「資訊安全 .pptx」。

STEP 05 點擊功能表「檔案」→「另存新檔」項目，設定新的檔案名稱（本例為「資訊安全 ODF」）、儲存位置，並選擇檔案類型為「ODF簡報(.odp)」，最後按下「存檔」按鈕。

STEP 06 你會發現Google簡報範例檔案「資訊安全 .gslides」在轉換成Microsoft PowerPoint（*.pptx）檔案時沒有太大改變，而由Impress開啟「資訊安全 .pptx」再轉存成LibreOffice Impress（*.odp）的簡報檔後，也不會有太大的差異。

不錯用的轉場—倒數計時

在許多吵雜的簡報會議室中，一旦人多聚集最容易造成簡報者開場時，可能要有一些制止的聲音，例如：謝謝大家，簡報正式開始等話語。又投影片播放過程中難免會有一些中斷，如果可以有不同的轉場設計即可以化解大家的吵雜聲，提高大家的專注聆聽簡報也是一種不錯的簡報藝術，個人喜歡的投影片轉換藝術技巧有「倒數計時」、「循環播放」、「影片串場」、「文字跑馬燈」等投影片播放技巧。

以下簡略介紹各種方式的相關技術與運用範疇。

投影片技巧	使用技術	運用範疇
倒數計時	物件動畫	開場或中場休息
循環播放	物件動畫	中場休息
影片串場	影片動畫	中場休息
文字跑馬燈	物件動畫	結束

實現方案—物件動畫

| 練習範例 | Sample \ SL2_11.odp | 完成範例 | Finish \ FL2_11.odp

善用「物件動畫」投影片也可以做得很精彩，使用者可以運用「文字對齊」搭配 Impress 的「動畫效果」功能，輕易進行精彩的 ODF 簡報製作，對於不擅長「物件動畫」的使用者而言，這可是最好的學習方案。

一、文字設計

STEP 01 啟動 Impress，開啟簡報範例檔案：SL2_11.odp。

STEP 02 選擇第一張投影片「空白」。

STEP 03 點選功能表「插入」→「文字方塊」項目。

STEP 04 依序輸入文字內容，例如：5、4、3、2、1，即可將倒數文字導入投影片中。使用者也可以使用快速鍵 F2 鍵進行連續性的文字輸入，按快速鍵 Esc 鍵可結束文字的輸入。

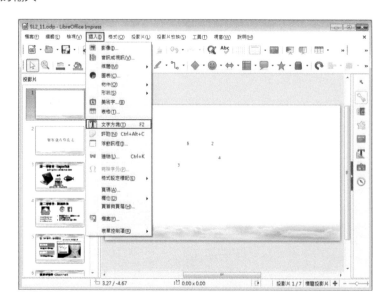

STEP 05 選取全部的文字內容，例如：5、4、3、2、1，點擊功能表「格式」→「字元」項目，可進行一次性的文字設定，例如：字型大小設定200PT，然後按下「確定」按鈕。

STEP 06 選取全部的文字內容，例如：5、4、3、2、1，點擊功能表「格式」→「對齊」項目，可進行水平、垂直的置中對齊。

二、動畫設計

STEP 01　選取全部的文字內容，例如：5、4、3、2、1。使用者也可以使用快速鍵 Ctrl + A 鍵進行文字的選取。

STEP 02　點選功能表「格式」→「動畫」項目→點選「加入效果」右側選項項目→點選「閃爍一次」效果項目。

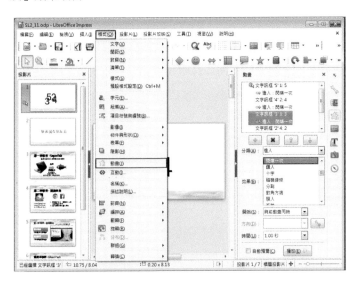

STEP 03　點選「效果」右側選項項目→點選「前動畫播放後」效果開始項目，然後即可自行投影片放映。使用者也可以使用快速鍵 F5 鍵進行投影片放映，按快速鍵 Esc 鍵可結束投影片放映。

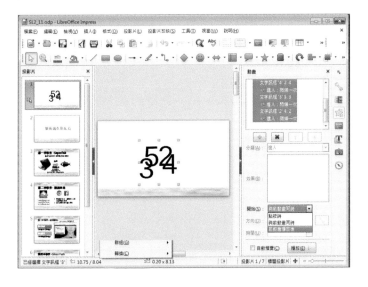

瀏覽器也可以簡報放映

　　簡報者可能在外地進行簡報播放，若發生系統不能順利放映簡報內容，這可是很頭痛的問題，因此，Impress 提供全新的簡報儲存方式，可以確保使用者的簡報不受軟體或系統的影響，依舊可以順利地播放你的簡報。不論使用者的電腦系統有無安裝 LibreOffice 軟體，使用者皆可以使用 Internet Explore 或是 Chrome 或是 FireFox 等瀏覽器進行簡報，但是唯一要注意的事情是字元編碼的問題，為了不讓使用者製作的簡報流失，請注意簡報檔案在匯出前，須設定匯出的字碼，否則會造成亂碼顯示，如此有可能會讓原本的美意大打折扣，如下圖所示。

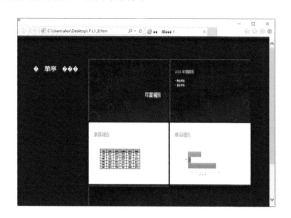

實現方案─輸出為 HTML 簡報

| 練習範例 | Sample \ SL2_12.odp　　　　　　　　　　　| 完成範例 | Finish \ FL2_12.HTML

LibreOffice Impress 可以將簡報直接輸出成 HTML 的檔案格式，這樣簡報內容就可以在任何的網頁瀏覽器中播放簡報內容，運用瀏覽器完美的呈現在螢幕上，例如：Windows 的 Internet Explore、MAC 的 Safari，而這樣務實的簡報輸出，已有許多簡報者準備，因為上台前若不準備好，肯定會得到反效果。

　　請依下列步驟將簡報儲存成 HTML 檔。

一、檔案建立

STEP 01 啟動 Impress ，開啟簡報範例檔案：SL2_12.odp。

STEP 02 點擊功能表「工具」→「選項」項目，然後系統會顯示 Impress 的細部選項設定，請按下「載入/儲存」左側標籤項目→「字元集」項目→「正體中文 (BIG5)」項目→「確定」按鈕。

STEP 03 點擊功能表「檔案」→「匯出」項目，然後系統會顯示 Impress 的匯出對話框，請選取「HTML 文件 (impress)(.HTML.HTM)」檔案類型。

STEP 04 請自行設定要儲存檔案的位置及檔案名稱，例如：FL2_12，然後按下「存檔」按鈕。

STEP 05 請自行依系統提示完成所有步驟，然後按下「建立」按鈕。

二、檢視成果

請自行啟用可檢視 HTML 結果的工具軟體,例如:Internet Explorer 瀏覽器。

共用編輯的幫手—評註

　　一般在簡報中如需要額外的說明，大部分的簡報者會運用「備註頁」，但「備註頁」正確的用途是簡報者上台時，怕自己忘記「台詞」或「專業術語」，將其文字內容置於其中，並不適用簡報未完成時的「共同編輯使用」。因為很多使用者忘記「備註頁」在列印時會被列印出來，因此，在投影片上的所有討論文字內容，會不小心列印出來，這可是很不好的使用技巧。

　　對於共同編輯的投影片討論編輯使用技巧，LibreOffice 的簡報編輯作法是加入「評註」，「評註」是一種編輯時可以提示為何要編輯或修正的導引作法，它可以是一個字、一句話、一段文章或是超連結。例如：企業簡報在投影片內容定案前，同事之間可以用來收集資訊與意見交換。

　　而不同的使用者「評註」會以不同的顏色標記表示，可以讓簡報者更容易辨識是哪一位同事提供的資訊，您可以點選功能表「檢視」→「評註」項目，在投影片上看到「評註」編號項目。

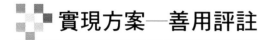

實現方案─善用評註

|練習範例|Sample \ SL2_13.odp　　　　　　　　　　　　　　|完成範例|Finish \ FL2_13.odp

善用「評註」的投影片可以讓大家在「共同編輯」時可以清楚了解同事對投影片的內容有無任何的意見，使用者可以運用「評註」適時地為投影片內容提供任何的意見，以強化投影片的內容，可讓簡報者有更多的投影片內容資訊，以便進行精彩的 ODF 簡報說明，對於未曾使用「評註」的使用者而言，這可是不錯的學習運用方案。

一、新增評註

STEP 01　啟動 Impress，開啟簡報範例檔案：SL2_13.odp。

STEP 02　選擇第二張投影片「善用評註」。

STEP 03　點選功能表「插入」→「評註」項目，也可以使用快速鍵 Ctrl + Alt + C 鍵。

STEP 04　請輸入「評註內容」，例如：在許多吵雜的簡報會議。

二、刪除評註

STEP 01　啟動 Impress，開啟簡報範例檔案：FL2_13.odp。

STEP 02　選擇第二張投影片「善用評註」。

STEP 03　點選功能表「檢視」→「評註」項目，用滑鼠右鍵點選「評註」圖示，例如：2，再點選「刪除評註」清單項目。

快速製作簡報摘要

　　簡報者製作簡報投影片內容時，一定會有一張投影片是此次簡報的「摘要」，而什麼是摘要（Abstract），即簡報的提要，簡報者可以使用簡明扼要的文句，將簡報內容，正確無誤地摘錄顯示於螢幕，讓參與簡報的觀眾可以在最短時間內，了解此次簡報應該會吸收到的知識、資訊或內容。因此簡報者的簡報「摘要」投影片，往往置於整份簡報中的第二張投影片位置，我們會以「授課大綱」、「摘要」、「大綱」等投影片標題呈現，其主要用意是要節省觀眾可以在正式簡報內容前，了解簡報者的大致簡報內容資訊。

　　對於簡報者而言整理所有投影片的標題結構，所產生的投影片就是「摘要」， 而大部分的簡報者在製作簡報「大綱」時，最擅長使用的技巧就是「複製」、「貼上」，其實這可是一種浪費時間進行簡報「摘要」的製作，而正確的簡報「摘要」製作應是運用簡報工具軟體的內建功能所產生。

複製、貼上　　功能運用

實現方案─摘要投影片

| 練習範例 | Sample \ SL2_14.odp　　　　　　　　　　| 完成範例 | Finish \ FL2_14.odp

本單元要讓簡報者運用「LibreOffice Impress」內建的「摘要投影片」功能製作上台時的簡報「摘要」，目前「LibreOffice Impress」的「摘要投影片」是運用簡報中所有的投影片標題而產生新的「摘要」投影片，簡報者必須再依個人需求進行編輯、刪除多餘的文字內容，以製作出精準的簡報「摘要」。

摘要產生

STEP 01　啟動 Impress，開啟簡報範例檔案：SL2_14.odp。

STEP 02　選擇任何一張投影片「位置」，例如：第一張投影片「駭客就在你左右」。

STEP 03　點選功能表「插入」→「摘要投影片」項目，系統會自動產生「摘要投影片」，並置於最後一張投影片位置。

STEP 04　請自行修正投影片位置，如搬移至第二張投影片位置。

STEP 05　請自行修正投影片內容，如增加標題：大綱；修改投影片內容文字格式，例如：字級（中文字級48PT、英文字級48PT 等）。

置入CAD

AutoCAD 是由 Autodesk 公司在電腦上進行電腦輔助設計技術而開發的繪圖工具軟體，AutoCAD 可以繪製二維（2D）與立體（3D）圖形，其軟體輸出的圖形檔案格式為 .dwg 或 .dxf 檔案格式，成為二維繪圖的常用標準格式。您可以直接在 Impress 簡報中置入 AutoCad 的圖形，但是個人建議應先將 AutoCad 的圖形檔案進行轉換，再導入至 Impress 簡報中，使用者可以為導入的圖形行分解動畫設計，因此使用者必須先了解 Impress 簡報軟體可以接受的圖形格式有哪些，下表簡略列出 Impress 簡報軟體可導入的圖形格式。

圖形格式	說明	可否拆解
BMP	Windows Bitmap	否
DXF	AutoCAD Interchange Format	否
EMF	Enhanced Meta FIle	可
EPS	Encapsulated PostScript	否
GIF	Graphics Interchange Format	否
JPEG	Joint Photographic Experts Group	否
MET	OS/2Meta file	可
PCT	Mac Pict	否
PCX	Zsoft PaintPrush	否
PBM	Portable BitMap	否
PCM	Portable Graymap	否
PNG	Portable Network Graphic	否
PPM	Portable Pixelmap	否
PSD	Adobe Photoshop	否
SGF	Star Writer Graphics Format	否
RAS	Sun Raster Imagetras	否
SVG	ScalableVectorGraphics	否
TGA	Truevisian Terga	否
WMF	Windows Metafile	可

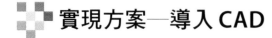

實現方案—導入CAD

|練習範例|Sample \ SL2_15.odp　　　　　　　　　　　　　　　　|完成範例|Finish \ FL2_15.odp

導入「CAD 圖形」如企業使用 CAD 的圖檔格式是 .dwg，則使用者是無法直接導入至 Impress 簡報工具軟體，建議使用者運用自由軟體或試用軟體或免費軟體進行圖形轉換，例如：DWG to WMF Converter、Any DWG to Image Converter。

一、圖形轉換安裝

本案例是使用 Any DWG to Image Converter 圖形轉換工具軟體，使用者先行將 Cad 圖形檔案轉換成 WMF 檔案格式，再導入至 Impress 簡報工具軟體中，若是使用者沒有 Any DWG to Image Converter 圖形轉換工具軟體，請您依下列步驟下載試用版練習，注意請尊重版權。

STEP 01　啟動 Internet Explorer 網頁瀏覽器，輸入 Any DWG to Image Converter 圖形轉換工具軟體的網址：**URL** http://anydwg.com/dwg2img/screenshot.html。

STEP 02　點按「DownLoad(Free Trial)」右側的文字連結。

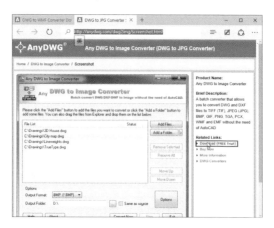

STEP 03　系統會自行完成下載，使用者可以至「下載資料夾」找到安裝程式「dwgimg. exe」。請自行安裝，使用者只需依步驟點選「Next」按鈕，即可完成 Any DWG to Image Converter 圖形轉換工具軟體的安裝，以下為啟動安裝的畫面。

二、圖形轉換執行

　　請自行啟用 Any DWG to Image Converter 圖形轉換工具軟體,然後依下列步驟進行 Cad 圖檔換成 Wmf 檔案格式。

STEP 01　啟用 Any DWG to Image Converter 圖形轉換工具軟體,點按「Add File」右側按鈕,點選「Cad 圖檔」,例如:OK1.dwg,點按「開啟」按鈕。

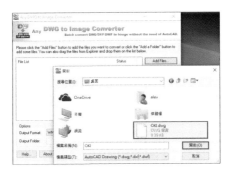

STEP 02　設定輸出檔案格式為 Wmf,例如:Output Foramt 為 WMF;設定輸出檔案名稱與存檔路徑為相同的,例如:勾選「Save as source」。

STEP 03　點按「Convert Now」按鈕,即可將 Cad 圖形轉換成 Wmf 的檔案格式。

上述圖形轉換，系統會自動產生三個檔案，使用者只須使用 Wmf 的檔案格式。

三、導入圖形

請自行啟用 Impress 簡報工具軟體，然後依下列步驟進行載入圖形檔案。

STEP 01 啟動 Impress，開啟簡報範例檔案：SL2_15.odp。

STEP 02 選擇第二張投影片，點按功能表「插入」→「影像」項目，系統會自動啟動「開啟圖檔」的對話視窗，請選擇「Ok1-Model.Wmf」，然後按下「開啟」按鈕。

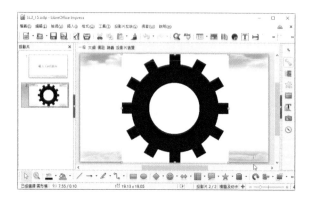

日文取代

企業簡報內容有時會有「日文」內容發生，而更換「日文內容」最快速處理的技巧就是「取代」。Impress 的「取代」並非僅限於「中文、英文」的取代，Impress 的「取代」已可以有「日文」的取代，例如：「ハッキング」替換成「駭客」。但是在此之前我們要先認識「日文」，「日文」即日本國家的文字，簡稱日文，其溝通語言稱為日語，是一種主要為日本列島上大和族所使用的語言。2015 年 11 月的網際網路使用語言排名中，「日語」在全球語言中排名第六，僅次於英語、漢語、西班牙語、阿拉伯語、葡萄牙語等語言。如果您看不懂「日文」，建議您可以使用「Google 翻譯」。

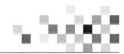

實現方案─日文取代

| 練習範例 | Sample \ SL2_16.odp　　　　　　　　　　　　　| 完成範例 | Finish \ FL2_16.odp

善用「文字取代」投影片的編輯可以更有效率，使用者可以運用「亞洲語言配置」設定搭配 Impress 的「取代」功能，輕易進行簡報內容的文字替換。

一、啟用日文搜尋

STEP 01　啟動 Impress，開啟簡報範例檔案：SL2_16.odp。

STEP 02　點按功能表「工具」→「選項」項目，然後點選「語言設定」左側項目中的「語言」項目。

STEP 03　請勾選「啟用亞洲語言支援」項目，設定成「日文」項目。

二、搜尋與取代

STEP 01 點按功能表「編輯」→「尋找與取代」項目,然後點選「搜尋」右側項目,輸入「ハッキング」等日文文字,再點選「取代成」右側項目,輸入「駭客」等中文文字。

STEP 02 點按「全部取代」按鈕,即可完成日文文字取代。

STEP 03 如果您的文字有接近日文文字的發音,請勾選「發音像(日文)」項目,這個項目為類似日文中所使用的表示法指定搜尋選項,您可以點按「選項」按鈕,檢視語言替換的細部項目設定,執行這個項目有可能會造成 Impress 不正常的結束,理由是簡報內容沒有「發音像(日文)」的文字,所以請小心使用。

影像映射

有一次參加某工程系的工程開發簡報，發現簡報者談到工程用地取得時，其使用的技巧是在投影片加入一堆文的超連結，這可是會造成簡報版面的亂象，因此Impress簡報工具提供的「影像映射」正好解決了這個問題，使用者可以設定投影片中的地圖圖片特定區域，讓簡報者可以輕易地將地圖中的位置連結到實際的URL位置，而這些區域稱為「熱點」。當簡報者點按「熱點」後，Impress簡報工具自動依指定的瀏覽器視窗或訊框，開啟設定的URL位置或顯示文字。Impress簡報工具的「影像映射」可以設定一個或多個「熱點」，而「熱點」的類型大致可分成矩形、橢圓和多邊形三種類型。

實現方案—影像映射

| 練習範例 | Sample \ SL2_17.odp　　　　　　　　　　　　　　　　| 完成範例 | Finish \ FL2_17.odp

善用「影像映射」是一種全新的投影片播放技巧，使用者可以運用「不同的形狀」搭配「URL定址」，輕易進行投影片中的圖片說明，如果你還不會使用這種方法進行簡報，這可是不錯的學習方案。

一、認識影像映射編輯器

STEP 01 啟動 Impress，開啟簡報範例檔案：SL2_17.odp。

STEP 02 點選功能表「編輯」→「影像映射」項目，系統會呈現「影像映射」對話視窗。

下表為「影像映射」各個圖示說明：

圖示	說明	圖示	說明
	套用你對影像映射所做的變更		開啟 MAP-CERN、MAP-NCSA 或 SIP StarView ImageMap 等檔案格式至影像映射編輯器
	以 MAP-CERN、MAP-NCSA 或 SIP StarView ImageMap 等檔案格式儲存影像映射		為選取「熱點」形狀工具
	可繪製「矩形」熱點		可繪製「橢圓形」熱點
	可繪製「多邊形」熱點		可繪製「任意形狀」熱點（自由多邊形）
	編輯接點，變更所選的熱點		移動接點，變更所選熱點的形狀
	增加熱點		移除熱點
	停用或啟用所選的熱點。停用的熱點是透明		可執行巨集程式

二、設定影像映射

STEP 01 啟動 Impress，開啟簡報範例檔案：SL2_17.odp。

STEP 02 選擇第三張投影片「台北景點」，點按投影片中的「地圖」圖片。

STEP 03 點選功能表「編輯」→「影像映射」項目，點按「影像映射編輯器」工具列中的「矩形」圖示。

STEP 04 移至要繪製熱點的位置。繪製「矩形」範圍，然後輸入「熱點」的相關位址和文字，例如：文字：中正紀念堂，位址是 URL http://www.cksmh.gov.tw/。

STEP 05 點按「套用」按鈕。

關於 Impress 簡報中的「影像映射」可分為「用戶端影像映射」、「伺服器端影像映射」二種類型，前者是在用戶端的電腦行，後者為網際網路 HTML 頁面的伺服器電腦執行。如播放投影片時，如為「用戶端」效果可能會顯示熱點設定的文字，例如：中正紀念堂，如為「伺服器端」按一下熱點便會啟動 URL，注意「影像映射」的缺點是舊版的 Web 瀏覽器無法讀取熱點資訊。

  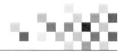

善用擴充套件

　　LibreOffice 是一套自由軟體，因此它有許多不為人知的「擴充套件」。什麼是「擴充套件」呢？簡單地說，「擴充套件」是一種在 LibreOffice 標準安裝後，使用者可以依需求再額外增加的擴充功能輔助程式，以強化 LibreOffice 軟體，因此，使用者可以只針對單一應用程式進行擴充功能輔助程式的安裝，例如：Writer、Calc、Impress。建議使用者到 LibreOffice 官方網站中的 LibreOffice Extension Center 項目下載擴充套件，進行增強 LibreOffice 的功能。網址： URL http://extensions.libreoffice.org/。

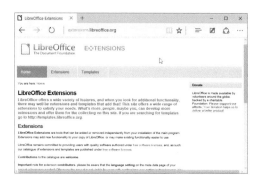

　　下載「擴充套件」一定要注意自己使用的版本，目前網路上可下載的「擴充套件」版本相當齊全，主要是為了讓不同的使用者有更多的選擇，您可以進入 LibreOffice Extension Center 後，點按「Any version」項目，來了解目前提供的版本有哪些，例如：LibreOffice 3.3 到 LibreOffice 5.1，若是您使用的版本沒有，建議您更新版本。

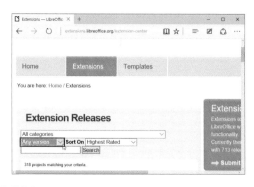

實現方案─簡報變圖片

|練習範例|Sample \ SL2_18.odp　　　　　　　　　　|完成範例|Finish \ FL2_18.odp

善用「擴充套件」投影片也可以變成圖片，使用者可以運用 LibreOffice 官網提供的套件快速地將 Impress 的「投影片」匯出成「圖片」，如此可以將匯出的圖片輕易進行其他的運用，例如：影片製作，對於還未使用「擴充套件」的使用者而言，這可是學習問題解決方案的好時機。

一、下載「擴充套件」

STEP 01 啟動 Internet Explorer 瀏覽器，於網址列輸入網址：**URL** http://extensions. libreoffice.org/。

STEP 02 點按「Extension」標籤項目→設定「Impress-Extensions」搜尋類別項目。

STEP 03 點按「2」頁次項目→點按「Export As Images」安裝項目。

STEP 04 點按「Get Export As Images for All platforms」連結文字，系統會自動完成下載。

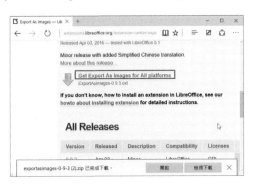

二、安裝「擴充套件」

STEP 01　啟動 LibreOfiice 程式。

STEP 02　點按功能表「工具」→「擴充套件管理員」項目→點選「加入」按鈕。

STEP 03　點按「擴充套件」儲存位置與檔案名稱，例如：「下載」資料夾中的「exportasimages-0-9-3.zip」→點按「開啟」按鈕。

STEP 04　請拉動右側的捲軸由上至下，然後點按「接受」按鈕。

STEP 05　LibreOffice 會自行為使用者安裝，請使用者安裝完成後，自行結束 LibreOffice，然後再重新啟動 LibreOffice 程式。

STEP 06　點按功能表「工具」→「擴充套件管理員」項目，即可檢視是否順利將「Export As Images」成功安裝，例如：導出圖片。

三、執行「擴充套件」

STEP 01 啟動 Impress，開啟簡報範例檔案：SL2_18.odp。

STEP 02 點選功能表「工具」→「附加元件」項目→點按「導出為圖像」項目。

STEP 03 設定輸出儲存位置，例如：S18 資料夾，點選功能表「工具」按鈕。

STEP 04 系統會自動完成「投影片」變「圖片」，使用者可以看到完成後的結果，請自行啟用儲存圖片檔案的資料夾「S18」。

美化簡報的利器

對於沒有美學設計的使用者，如果有免費又美麗的範本可以套用至簡報中，真是一件快樂無比的好事，對於企業簡報而言，使用者是無須擔心簡報範本的問題，因為企業會有自己的母片範本，對於非企業的使用者，要設計並製作美麗的範本則是一件很困難的事情，而 LibreOffice 恰巧是一套自由軟體，它在網路上有提供許多美化簡報專用的「簡報範本」，任何使用者可以合法使用，請您至 LibreOffice 官方網站中的 template-center 項目下載簡報範本，而您設計的簡報即可立即得到改善。網址：

URL http://templates.libreoffice.org/template-center。

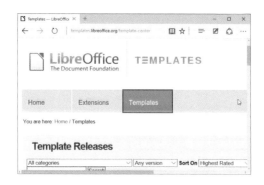

實現方案—範本應用

| 練習範例 | Sample \ SL2_19.odp　　　　　　　　　　　　　　　| 完成範例 | Finish \ FL2_19.odp

善用「免費範本」，能夠立即改善簡報中的投影片，是一種提高投影片製作效率的作法，使用者應多加利用，或您可以自訂範本方便日後使用，對於不知如何「活用範本」的使用者而言，這可是難得的學習機會。

一、下載「簡報範本」

STEP 01 啟動 Internet Explorer 瀏覽器，於網址列輸入網址：**URL** http://templates. libreoffice.org/template-center。

STEP 02 設定「Presentation-Templates」類別項目→點按「LibreOffice Presentation Templates」範本項目。

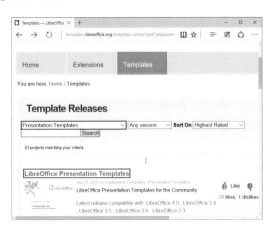

STEP 03 點按「Get LibreOffice Presentation Templates for All platforms」連結文字，系統會自動完成下載。

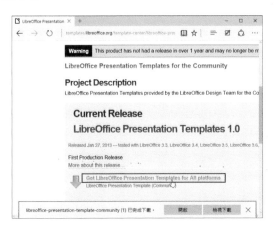

二、安裝「範本」

STEP 01 啟動 Impress Office 應用程式。

STEP 02 點按功能表「檔案」→「範本」項目→點按「編輯範本」清單項目。

STEP 03 點按標籤「簡報」→按二下「範本名稱」，例如：簡報。

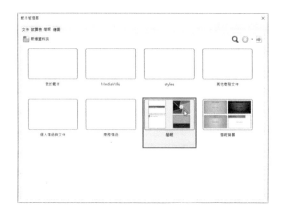

STEP 04 點按「匯入」→ 選取「範本名稱」下載的範本項目，例如：libreoffice-presentation-template-community。

STEP 05 點按「開啟」按鈕，系統會自動完成匯入的執行→點按「關閉」按鈕。

說明 LibreOffice範本會有版本不同的問題，目前官網所提供的範本在LibreOffice 4.4版以下，請使用本單元的方法匯入，若是使用者下載的範本是壓縮檔案格式(*.zip)，請使用「擴充套件」的方式匯入到LibreOffice現行版本中。

三、「範本」套用

STEP 01 啟動Impress，開啟簡報範例檔案：SL2_19.odp。

STEP 02 點選功能表「格式」→「投影片設計」項目→點按「載入」按鈕。

STEP 03 點選「簡報」分類項目→「libreoffice-presentation-template-community」範本項目→點按「確定」按鈕。

STEP 04 點按「First Slide」範本圖示→勾選「交換背景頁面」項目。

STEP 05 點按「確定」按鈕,即可以輕鬆美化自己的投影片,當然很有可能會造成少數投影片位置錯位,請自行修正。

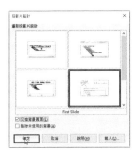

遙控播放

　　LibreOffice 有一個「遠端遙控簡報」的內建功能，是讓我喜歡使用 LibreOffice Impress 進行簡報演講的因素之一，當然，你的電腦和行動裝置必須使用同一個無線網路或是藍芽連線等功能。另外，行動裝置也必須安裝「LibreOffice Impress Remote」App 這個程式，其連線方式可以使用 Wifi、藍芽二種方式，如連線成功，未來進行簡報時，你就可以直接用手機進行簡報。以下為連線設定流程。

實現方案─遙控簡報

|練習範例|Sample \ SL2_20.odp　　　　　　　　　　　　　　　　　　　　　　　|完成範例|無

善用「遙控簡報」可以讓您的上台變得更精彩，使用者可以運用「行動裝置」搭配 Impress 的「遙控」功能，於簡報時可以與觀眾更輕易接觸，可以讓簡報更活潑精彩進行。

一、環境設定

STEP 01　啟動 LibreOffice Impress。

STEP 02　點選功能表「工具」→「選項」項目→點按「LibreOffice」左側項目中的「進階」選項項目→勾選「啟用實驗性功能」項目。

STEP 03 點選功能表「工具」→「選項」項目→點按「LibreOffice Impress」左側項目中的「一般」選項項目→勾選「啟用遠端控制」項目→點選「確定」按鈕。

STEP 04 請結束 LibreOffice 及 LibreOffice Impress，再重新啟動 LibreOffice Impress。

STEP 05 開啟簡報範例檔案：SL2_20.odp。

二、設定連接設備

1. 方案一：藍芽

STEP 01 請啟用自己的藍芽設備，並設定藍芽是可以被搜尋的，點按工作列的裝置「藍芽」→「開啟設定」項目。

STEP 02 勾選「允許藍芽裝置尋找這部電腦」→點按「確定」按鈕。

2. 方案二：WiFi

STEP 01 請找出自己的 WiFi 設備 IP 位址，點按工作列的裝置「網路圖示」→點按「網路設定」項目。

STEP 02 點按連結文字「進階選項」項目，記錄 IPV4 位置，例如：「192.168.43.195」。

三、行動裝置安裝 APP

1. 方案一：藍芽

STEP 01 請啟用自己的行動裝置設備，例如：手機。

STEP 02 進入 Play 商店→搜尋「LibreOffice Impress Remote」APP 程式。

STEP 03 點按「安裝」按鈕→系統會顯示「藍芽連線資訊」訊息→點按「接受」按鈕。

STEP 04 行動裝置完成下載，即可直接啟用「LibreOffice Impress Remote」APP 程式→
點按「開啟」按鈕。

STEP 05 系統會自動搜尋「藍芽」裝置，例如：DESKTOP-4PTFFCQ，請自行點按
「DESKTOP-4PTFFCQ」。

STEP 06 即可完成進行配對與等待連線，例如：配對密碼為 5479。

在 LibreOffice Impress 按下 [投影片
放映 → Impress 遙控]. 接著輸入代
碼。

5479

2. 方案二：WiFi

STEP 01 請啟用自己的行動裝置設備，例如：手機。

STEP 02 進入 Play 商店→搜尋「LibreOffice Impress Remote」APP 程式。

STEP 03 點按「安裝」按鈕→點按「WiFi」訊息→點按「+」按鈕，可以自行設定「IP」，
例如：IP 為 192.168.43.195、名稱為 LibreOffice。

STEP 04 點按「儲存」按鈕→點按「LibreOffice」系統會自動連線，並生一個配對密碼與
等待連線，例如：配對密碼為 5479。

四、正式簡報

STEP 01 點選功能表「投影片放映」→「Impress 遙控」項目→點按「G3」項目。

STEP 02 輸入 PIN 碼：5479→點按「連接」按鈕，即可使用行動裝置進行簡報。

以下為行動裝置的簡報播放畫面。

03
| PART |

上台前的準備

在台上盡情展現

筆者曾參與過很多「名師」舉辦的會議或演講，發現沒有一場演講是冷場的，台上的講師像日常對話一樣輕鬆自在，一站就是 2 小時以上。當聽眾坐在冷冷的椅子上時，若台上的講師沒能盡情展現授課內容或專業內容，聽眾想必是坐立難安，因而產生許多自動轉移注意力的低頭族。因此，上台簡報是一種考驗，檢視著台上的你是否能盡情展現授課內容或專業內容。

筆者在外講演時，通常會透過下列幾個方法來完成「盡情展現」的目的。

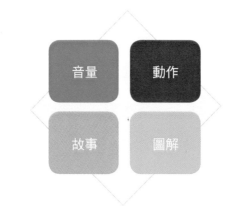

控制音量

上台的音量可以讓現場聽眾感受到演講者的熱情。抑揚頓挫的語調及音量，能讓現場聽眾個個全神貫注；如果現場有麥克風設備，也請多加利用。另外，講到重點內容或關鍵字時，請一定要放慢速度並提高音量，這是「語調變化」的技巧，保證可以活化你的演講內容。

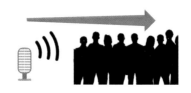

增加動作

上台的動作會讓人有驚艷的效果，更容易引人注目。上台講演時，如果搭配動作，例如：手勢、向前走、踏步、臉部表情等，都可以讓現場聽眾感受到講演者的熱情；各位也不妨來一點誇大的動作，保證能讓現場聽眾更加喜歡你的演講。例如：沒問題或確認、代表「不」的要求、二個重點等手勢。

故事串場

這是所有演講者都會使用的技巧，若你還不太會運用故事串場，可要好好學習導入故事的時機與故事安排。故事一定要有起承轉合，並且要結合簡報或演講內容，這將讓現場聽眾感受到講演者的熱情與專業；各位也不妨來一點生活小故事，保證會讓現場聽眾更加喜歡你的講演。例如：資訊安全議題可用工作上的故事——詐騙、點閱連結、錯誤連接等。

吸睛圖解

「圖解」是簡報演講者必用的吸睛技巧，可以讓觀眾熱血沸騰；它不但比文字稿的投影片要來得清楚明白，更不會讓現場觀眾進入夢鄉。若你還不太會運用圖解技巧，建議你多多觀摩他人的簡報做學習，此方式也是可以讓現場聽眾感受到講演者熱情、專業的方法。各位也不妨來一點創新的圖解，保證能讓現場聽眾目不轉睛地看著你的簡報。

合適服裝

　　另外，簡報者參加會議時，面對的一定不只一、二人，因此，在服裝上還是要講求合宜得體。當然，這並不是指你必須大費周章地花費治裝費，或是非得穿著西裝或套裝出席，但畢竟觀眾不是來看服裝秀，而是來聆聽簡報者的專業演講。關於服裝的基本要求如下：

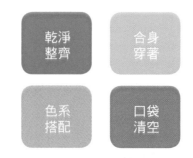

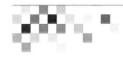

事前檢查設備

　　談到「設備」這個部分，其實正是簡報者在其專業領域外最弱的一環。這不是因為簡報者能力不足，而是簡報者往往沒有管控設備的權力；畢竟簡報者通常是受邀者，並非設備管理者。

　　一般的「設備」指的是硬體設施，例如：音響相關設備、單槍液晶投影機、電動升降布幕與燈光等；而本單元所謂的「檢查設備」，指的是簡報者自身事先準備的設備，例如：隨身碟的簡報檔案齊全與否、簡報筆是否有足夠電力、簡報資料是否能夠正常運作等問題。以下將帶大家簡略認識簡報者應有的簡報設備。

隨身碟

　　隨身碟的全文是 USB Flash Drive，一般簡稱為 USB，它是儲存裝置，體積極小、重量輕、可重複寫入。目前流行的隨身碟記憶空間從 8GB 到 1TB 不等，其訊號傳輸速度的標準有 USB 2.0（最高傳輸速度為每秒 480 megabits）及 USB 3.0（最高傳輸速度為每秒 5 gigabits）。筆者出門在外演講時，都會將資料儲存在隨身碟中，所以強烈建議簡報者應額外準備隨身碟來儲存簡報資料，以備不時之需。

簡報筆

　　簡報者在大型會場演講時，一定會準備簡報筆這項設備，當簡報者在講解投影片內容時，可以使用簡報筆指出投影片的重點，這可是專業的表現。「簡報筆」在市面上有一堆名稱，例如：雷射筆、光筆、投影筆等，它可以搭配電腦的簡報軟體（例如：PowerPoint 或 Impress）做遙控使用，也可以當無線滑鼠使用。

HDMI

這個設備何時會用到呢？其實是簡報者在電腦當機時，不得已需要透過HDMI這個設備，由投影機直接連接行動裝置進行簡報。HDMI支援各類電視與電腦影像格式，例如：SDTV、HDTV視訊畫面，也支援非壓縮的8聲道數位音訊傳送（取樣頻率192kHz，資料長度24bits/sample），且以目前規格來說，其最大畫素傳輸率為340Mpx/秒，可符合未來需求。

廣播設備

此設備簡報者不一定要有，但為何本單元需要列出它呢？因為筆者曾在某次演講上，碰到對方的音效設備剛好損壞而無法使用的情況；恰巧當天我本人有帶廣播設備，以致於那場簡報會議還是能順利完成，所以還是列出來讓大家參考。

雲端硬碟

雲端硬碟是一種提供檔案儲存和上傳下載的服務，這個設備主要是防止當簡報者的資料損壞或檔案過大時，可透過雲端快速下載使用。雲端硬碟（Online Hard Drive）有許多別名，例如：網路磁碟、網路空間、網路硬碟等，目前知名的雲端硬碟有Google雲端硬碟、微軟OneDrive雲端硬碟。

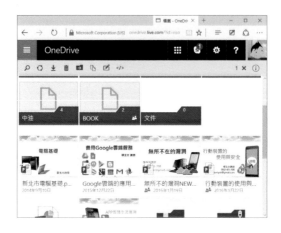

預演練習

上台簡報前，一定要做的功課就是「預演練習」。不論是面對哪一場演講，簡報者都應該一而再、再而三的練習，因爲沒有一個觀眾是來看笑話的；或許觀眾聽不懂簡報者的簡報內容，但是簡報者有沒有用心執行「預演練習」，觀眾其實能夠感受到。而預演練習的內容有哪些項目要注意呢？以下簡略説明。

檢視架構

簡報者對於簡報的內容與架構，應該在上台前重新檢視，確認無誤後再正式演練，看看簡報的內容和結構是否有離題的情況。雖然說熱情地將觀眾帶入簡報情境很重要，但簡報者還是要確保正確的簡報內容訊息傳達。

建議簡報者透過幾個論述，把想傳達的訊息分別傳播給不同層次的觀眾，例如：關於資訊安全的議題，我們會運用案例來宣導資安的問題，這是屬於低層次觀眾想學習的資訊；而運用系統設定來檢視資安的問題，是屬於中層次觀眾想學習的資訊；至於運用指令來檢視資安的問題，就屬於高層次觀眾想學習的資訊了。

因此，重新檢視「簡報主題」、「簡報論點」或「簡報目標」會比較好，因爲我們可以透過子主題、證據或統計數據，來加強簡報的關鍵主題。

面向觀眾

通常我們在演講前，就會知道聆聽簡報的觀眾會是誰，例如：主辦單位總是會耳提面命本次演講會有單位主管參與，因此在預演練習時，我們要去演練這樣的對象可能想從這次簡報中得到什麼訊息，或簡報中是否該加強什麼訊息來滿足這群觀眾。簡報者如果不能正視這個問題，那麼簡報內容必然會失去方向；因爲觀眾或許正是因爲對

簡報者的主題有興趣而來，但簡報者不能面向觀眾可能的需求，那麼當簡報結束後，其成效與目標自然就會回歸於零。

所以，簡報者應約略了解觀眾的幾個項目。例如：年齡的高低（在簡報內容上可能要調整術語或難易度）、人數的多寡（可能要調整在簡報講解時的速度與時間分配）、職級的高低（聆聽者的教育程度會影響簡報內容的呈現方式）。

強化關鍵

預演練習應強化「關鍵」，看看這樣的呈現是否得宜，簡報者的描述是否需要修正。例如：在無趣的主題中，可以導入一些和生活有關的議題，以加強聆聽者的印象；或是在簡報的過程中，可以加入一些令人印象深刻的術語，例如：「上課 Remember、下課 forget」等好笑的詞句；甚至是重新修正簡報中的投影片，把文字變成圖解，讓它們更充滿生命力。

修正前：整理過的資料

修改後：關鍵文字圖形化

順序調整

　　簡報製作時，「關鍵」內容會在哪一張投影片出現，這項安排對簡報者來說是很重要的。你可以使用簡報軟體既有的功能——投影片瀏覽模式，進行投影片的順序調整；也可以在檢視投影片時，一併重新查看投影片中的動畫，縮圖中有加入星號標記的便是意味著內含動畫設定。

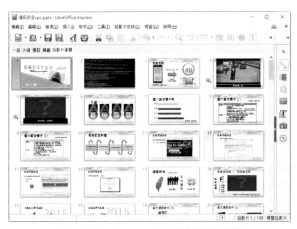

LibreOffice Impress 5.0 的投影片瀏覽

曾經有一份真誠的愛情，擺在我的面前，但是我沒有珍惜。
等到了失去的時候，才後悔莫及，塵世間最痛苦的事莫過於此。
如果上天可以給我一個機會，再來一次的話，我會跟那個女孩子說：
「我愛她」。
如果能有一次讓我提筆紀錄下我與她的愛情故事
不用等待上天的憐憫
在這裡，我們提供你發揮創作的舞台！

咪咕之星 徵文

活動說明

你有滿腔的熱血、滿腹的文騷無法發洩嗎？博碩文化為大家提供了文學創作的競飆舞台，集結了台灣、大陸與東南亞的數位內容平台，只要現在動筆，博碩文化就可完成你的出版美夢，發行內容到世界各地。

徵選主題

各式小說題材徵選：都市、情感、青春、玄幻、奇幻、仙俠、官場、科幻、軍事、武俠、職場、商戰、歷史、懸疑、傳記、勵志、短篇、童話。

投稿方式

即日起至活動官網進行會員申請與投稿，活動網址：
https://goo.gl/jevOi6

活動 QR-Code

合作平台

中國移動 China Mobile

readmoo
買書×看書×分享書

TAAZE 讀冊生活

Google Play

PubU 電子書城

1766 一起聯播網路廣播電台，讓你帶著聽的好書

—— 即日起徵稿 ——
期限：一萬年！

主辦單位
博碩文化・博弗斯娛樂文創・博碩數媒